essentials

W0212109

Essentials liefern aktuelles Wissen in konzentrierter Form. Die Essenz dessen, worauf es als „State-of-the-Art" in der gegenwärtigen Fachdiskussion oder in der Praxis ankommt. Essentials informieren schnell, unkompliziert und verständlich

- als Einführung in ein aktuelles Thema aus Ihrem Fachgebiet
- als Einstieg in ein für Sie noch unbekanntes Themenfeld
- als Einblick, um zum Thema mitreden zu können.

Die Bücher in elektronischer und gedruckter Form bringen das Expertenwissen von Springer-Fachautoren kompakt zur Darstellung. Sie sind besonders für die Nutzung als eBook auf Tablet-PCs, eBook-Readern und Smartphones geeignet.

Essentials: Wissensbausteine aus Wirtschaft und Gesellschaft, Medizin, Psychologie und Gesundheitsberufen, Technik und Naturwissenschaften. Von renommierten Autoren der Verlagsmarken Springer Gabler, Springer VS, Springer Medizin, Springer Spektrum, Springer Vieweg und Springer Psychologie.

Dietmar Richard Graeber

Handel mit Strom aus erneuerbaren Energien

Springer Gabler

Dr. Dietmar Richard Graeber
TransnetBW GmbH
Stuttgart, Deutschland

ISSN 2197-6708 ISSN 2197-6716 (electronic)
ISBN 978-3-658-05940-8 ISBN 978-3-658-05941-5 (eBook)
DOI 10.1007/978-3-658-05941-5

Die Deutsche Nationalbibliothek verzeichnet diese Publikation in der Deutschen Nationalbibliografie; detaillierte bibliografische Daten sind im Internet über http://dnb.d-nb.de abrufbar.

Springer Gabler
© Springer Fachmedien Wiesbaden 2014
Das Werk einschließlich aller seiner Teile ist urheberrechtlich geschützt. Jede Verwertung, die nicht ausdrücklich vom Urheberrechtsgesetz zugelassen ist, bedarf der vorherigen Zustimmung des Verlags. Das gilt insbesondere für Vervielfältigungen, Bearbeitungen, Übersetzungen, Mikroverfilmungen und die Einspeicherung und Verarbeitung in elektronischen Systemen.

Die Wiedergabe von Gebrauchsnamen, Handelsnamen, Warenbezeichnungen usw. in diesem Werk berechtigt auch ohne besondere Kennzeichnung nicht zu der Annahme, dass solche Namen im Sinne der Warenzeichen- und Markenschutz-Gesetzgebung als frei zu betrachten wären und daher von jedermann benutzt werden dürften.

Springer Gabler ist eine Marke von Springer DE. Springer DE ist Teil der Fachverlagsgruppe Springer Science+Business Media
www.springer-gabler.de

Was Sie in diesem Essential finden können:

- Einen Überblick über den deutschen Strommarkt mit einer Einführung in die Funktionsweise des Stromhandels, einer Darstellung der verschiedenen Marktsegmente sowie der Grundlage der Preisbildung.
- Aktuelle Informationen zu den wesentlichen Elementen der gesetzlichen Förderung der Stromerzeugung aus erneuerbaren Energien.
- Die Rahmenbedingungen für die Vermarktung von Strom aus erneuerbaren Energien für unterschiedliche Fördermodelle.
- Eine grundlegende Darstellung der Handelsstrategien, die je nach Fördermodell zielführend sind.
- Die Bedeutung der Prognosequalität für die Kosten des Handels mit Strom aus erneuerbaren Energien.

Vorwort

Durch den zunehmenden Einsatz von erneuerbaren Energien befindet sich das deutsche Elektrizitätsversorgungssystem in einer grundlegenden Transformation. Dies wirkt sich auf verschiedenste Bereiche der Energiewirtschaft aus. Ein Beispiel hierfür ist der Stromhandel. Die häufig starken, durch externe Faktoren wie Wind und Sonne bestimmten Fluktuationen der Stromerzeugung aus erneuerbaren Energien führen gegenüber dem Handel mit Strom aus konventionellen Energieträgern zu signifikant anderen Rahmenbedingungen. Dies erfordert unter anderem die Verwendung von zuverlässigen Prognosen der Stromerzeugungsleistung. Darüber hinaus sind beim Handel mit Strom aus erneuerbaren Energien auch verschiedene gesetzliche und regulatorische Besonderheiten zu beachten.

Diese Veröffentlichung richtet sich sowohl an Dozenten und Studenten als auch an Fach- und Führungskräfte aus dem energiewirtschaftlichen Bereich, welche sich die wesentlichen Aspekte beim Handel mit Strom aus erneuerbaren Energien in übersichtlicher Form aneignen wollen. Inhaltlich basiert sie auf einem Auszug aus der Dissertation „Handel mit Strom aus erneuerbaren Energien – Kombination von Prognosen", die im Jahr 2014 im Verlag Springer Gabler erschienen ist.

Inhaltsverzeichnis

1 Einleitung

Die Erzeugung von elektrischem Strom aus erneuerbaren Energien (EE) hat in Deutschland seit Beginn der 1990er Jahre stark an Bedeutung gewonnen. Deren Anteil an der gesamten deutschen Stromerzeugung stieg so von 3,6 % im Jahr 1990 auf 21,9 % im Jahr 2012.[1] An der installierten Kraftwerksleistung betrug der Anteil zum Jahresende 2012 sogar bereits 43 %.[2] Hauptgrund für das starke Wachstum ist neben dem technischen Fortschritt im Bereich des Anlagenbaus die umfangreiche gesetzliche Förderung, die den gesellschaftlichen und politischen Willen den Anteil von EE in der Stromerzeugung zu erhöhen, zum Ausdruck bringt.[3] Geregelt ist die Förderung im Gesetz für den Vorrang erneuerbarer Energien, kurz Erneuerbare Energien Gesetz (EEG). Neben der Wasserkraft, die bereits vor 1990 in größerem Umfang zur Stromerzeugung eingesetzt wurde und deren Kapazitäten nur leicht angestiegen sind, werden in Deutschland hauptsächlich Biomasse sowie Wind- und Sonnenenergie als erneuerbare Energieträger zur Stromerzeugung verwendet.

Für den Handel mit Strom aus EE ist zunächst zu beachten, dass elektrischer Strom als gerichteter Transport von elektrischer Ladung[4] nach der Erzeugung und Einspeisung in das Stromnetz ein vollkommen homogenes Gut ist. Eine Differenzierung von Strom aus EE und aus konventionellen Energieträgern ist daher nach der Einspeisung nicht mehr möglich. Der Handel mit Strom aus EE unterscheidet sich deswegen in vielen Punkten nicht von dem mit Strom aus konventionellen Energieträgern und wird weitestgehend auf den gleichen Märkten durchgeführt. Dennoch gibt es einige Unterschiede. So können beispielsweise Anlagen zur Stromerzeugung aus EE in vielen Fällen nicht beliebig gesteuert werden, da der Energieträger nicht speicher- oder lagerbar ist. Dies hat zur Folge, dass beim Han-

[1] Vgl. AG Energiebilanzen 2012, Werte für 2012 teilweise geschätzt.

[2] Vgl. Abb. 2.1.

[3] Vgl. Bruns u. a. (2010, S. 15 ff.).

[4] Vgl. z. B. Busch (2011, S. 9 ff.).

Dietmar R. Graeber, *Handel mit Strom aus erneuerbaren Energien*, essentials,
DOI 10.1007/978-3-658-05941-5_1, © Springer Fachmedien Wiesbaden 2014

del mit Strom aus fluktuierenden EE wie Wind- und Sonnenenergie eine Prognose von großer Bedeutung ist. Zudem müssen bei nach dem EEG geförderten Strom aus EE, verschiedene gesetzliche Rahmenbedingungen beachtet werden.

Im Folgenden wird zunächst ein Überblick über den deutschen Strommarkt und dessen Strukturen gegeben. Diese sind sowohl für Strom aus EE als auch aus konventionellen Energieträgern die Grundlage des Stromhandels. Daran schließt sich eine Beschreibung der wesentlichen Elemente der gesetzlichen Förderung EE an. Am Ende wird die Vermarktung von Strom aus EE am Großhandelsmarkt unter den Bedingungen der gesetzlichen Förderung dargestellt. Den Abschluss bildet ein kurzes Fazit.

Überblick über den deutschen Strommarkt

2

Auf dem deutschen Strommarkt wurden im Jahr 2012 gut 594 Terawattstunden (TWh) an Strom nachgefragt. Diese Nachfrage entstand, ohne Berücksichtigung des Eigenverbrauchs der Kraftwerke und der Netzverluste, knapp zur Hälfte durch die Industrie, zu einem Viertel von privaten Haushalten und zu einem weiteren Viertel durch Handel, Gewerbe, Dienstleistungen, Landwirtschaft und Verkehr. Zudem wurde im Saldo 23 TWh an Strom exportiert.[1] Zur Stromerzeugung werden in Deutschland Kraftwerke mit einer Vielzahl von unterschiedlichen Energieträgern eingesetzt. Die gesamte installierte Kraftwerksleistung betrug Ende 2012 gut 183 GW. Die Verteilung der Leistung auf die verschiedenen Energieträger ist in Abb. 2.1 dargestellt. Mit knapp 47 % hat die Gruppe der fossilen Energieträger den größten Anteil an der deutschen Kraftwerksleistung. EE machen mit 79 GW bereits 43 % der gesamten Kraftwerksleistung aus.

Der Anteil an der Kraftwerksleistung unterscheidet sich jedoch stark von dem Anteil an der tatsächlichen Stromerzeugung. Ursache dafür ist, dass je nach Energieträger die Kraftwerke unterschiedliche Mengen an Strom je installierter Kapazitätseinheit erzeugen. So kamen im Jahr 2012 allein Braunkohle- und Kernkraftwerke mit zusammen 20,5 % der Kraftwerkskapazitäten auf knapp 42 % der deutschen Stromerzeugungmengen, alle EE zusammen mit 43 % der Kapazität nur auf knapp 22 % der Erzeugungsmengen (vgl. Abb. 2.1).

Der Überblick über den deutschen Strommarkt in diesem Unterkapitel beginnt mit einer Beschreibung der grundlegenden Marktinfrastruktur und die Grundzüge der Preisbildung. Anschließend wird in die wichtigsten Segmente des Großhandelsmarkts eingeführt.

[1] Vgl. für Verbrauchs- und Exportangaben AG Energiebilanzen 2012.

Dietmar R. Graeber, *Handel mit Strom aus erneuerbaren Energien*, essentials,
DOI 10.1007/978-3-658-05941-5_2, © Springer Fachmedien Wiesbaden 2014

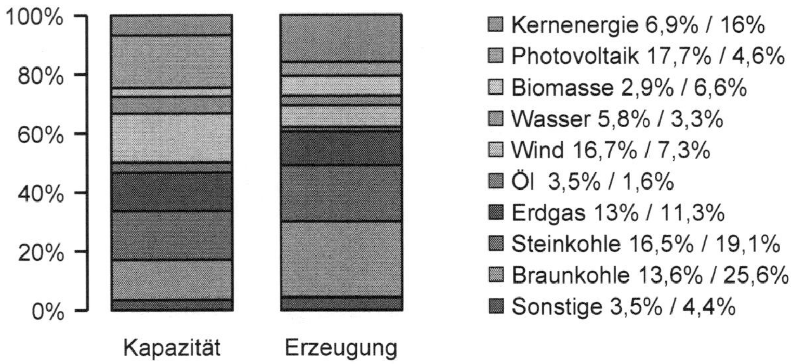

Abb. 2.1 Kraftwerkskapazitäten und Stromerzeugung nach Primärenergieträgern (eigene Darstellung; Alle Daten haben den Stand Ende 2012. Vgl. IWES 2013 für die Windkapazitäten und Bundesnetzagentur 2013 für die PV Kapazitäten. Für alle anderen Energieträger wurden die Kapazitäten auf Basis von Bundesministerium für Wirtschaft und Technologie 2012 geschätzt. Vgl. zur Stromerzeugung AG Energiebilanzen 2012)

2.1 Grundlegende Elemente des Handels mit Strom

Der Strommarkt unterscheidet sich in einigen Punkten von anderen Warenmärkten. Ursache dafür sind die besonderen Eigenschaften des Gutes Strom wie z. B. die Immaterialität, Homogenität und Nichtlagerbarkeit.[2] Zudem erfolgt der Transport von Strom nur netzgebunden. Diese Bedingungen führen dazu, dass auf dem Strommarkt eine umfassende Marktinfrastruktur notwendig ist, um den Handel zu ermöglichen. Zuständig für die Bereitstellung der Marktinfrastruktur für die Marktteilnehmer sind die Stromnetzbetreiber. Diese verantworten neben Transport und Verteilung von Strom auch die Funktionsfähigkeit des gesamten Stromversorgungssystems. Als Aufsichtsbehörden überwachen die Bundesnetzagentur und die Netzagenturen der Bundesländer diese Aufgaben. Eine wichtige Rolle bei der Bereitstellung der Marktinfrastruktur spielen die vier deutschen Übertragungsnetzbetreiber (ÜNB). Diese sind zuständig für die Höchstspannungsnetze und verantworten jeweils für ihre Regelzone die zuverlässige Funktion des Stromnetzes. Die wichtigsten Aufgaben der ÜNB sind die Bilanzierung von Stromtransaktionen und die Erhaltung des Marktgleichgewichts mit Hilfe von Regelenergie.[3] Eine Darstellung der vier deutschen Regelzonen mit dem jeweils zuständigen ÜNB findet sich in Abb. 2.2.

[2] Vgl. Zylka (2010, S. 38).

[3] Vgl. Horstmann und Cieslarczyk (2006, S. 103 f.).

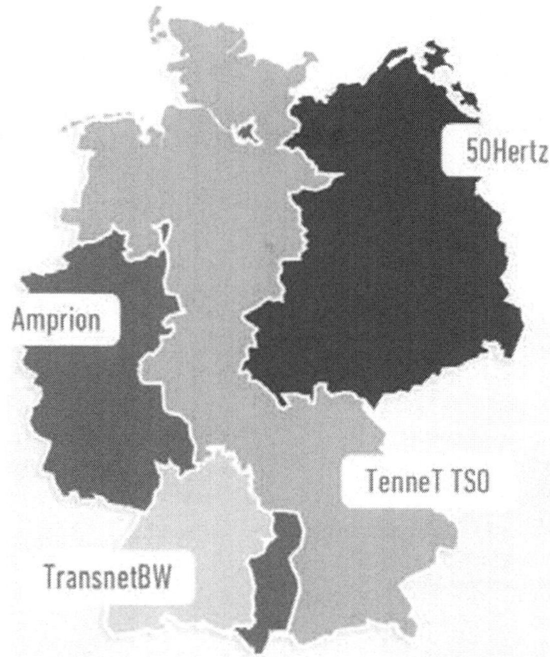

Abb. 2.2 Aufteilung des Deutschen Marktgebiets in Regelzonen. (Quelle: 50hertz u. a. 2013, S. 13)

2.1.1 Bilanzierung von Handelsgeschäften

Die Homogenität der Ware Strom im Netz führt dazu, dass der physikalische Fluss einer bestimmten eingespeisten Strommenge nicht ohne weiteres nachverfolgbar ist. Somit wird auch ein direkter bilateraler Verkaufsvorgang erschwert, da Warenlieferung bzw. Warenempfang nicht von den Handelspartnern kontrollierbar sind. Der gesamte Handel mit Strom wird deswegen über den ÜNB organisiert. Dieser führt dazu für alle Marktteilnehmer Bilanzkreise. Ein Bilanzkreis ist ein Instrument, um Ein- und Ausspeisungen von Strom sowie Handelsgeschäfte einem Marktteilnehmer zuzuordnen. Einspeisungen können Erzeugungen in der Regelzone oder Importe aus anderen Regelzonen sein, Ausspeisungen Verbrauch in der Regelzone oder Exporte. Sämtliche Ein- und Ausspeisungen in einer Regelzone werden über Stromzähler durch die ÜNB oder die örtlichen Verteilnetzbetreiber (VNB) gemessen. Die Messwerte aller größeren Messstellen umfassen dabei in der Regel die Summe der Ein- bzw. Ausspeisungen zumindest in viertelstündlicher

Abb. 2.3 Beispielhafte Bilanz eines Marktteilnehmers in einer Viertelstunde (eigene Darstellung)

Einspeisungen (MWh)		Ausspeisungen (MWh)	
Kraftwerk X	115,31	Verbrauch S	1,35
Kraftwerk Y	42,12	Verbrauch T	11,20
Kauf Z	10,00	Verkauf U	90,00
Ausgleichs-energie	*5,12*	Verkauf V	70,00
	172,55		172,55

Auflösung.[4] Diese viertelstündliche Auflösung stellt die zeitliche Grundstruktur des gesamten Strommarktes dar.[5] Wird nun eine bestimmte Menge an Strom von Marktteilnehmer A an Marktteilnehmer B verkauft, wird die entsprechende Menge auf dem Bilanzkreis von A wie eine Ausspeisung und auf dem Bilanzkreis von B wie eine Einspeisung berücksichtigt. Sowohl Marktteilnehmer A als auch Marktteilnehmer B müssen dazu das Handelsgeschäft dem ÜNB mitteilen. Nur wenn sich beide Mitteilungen entsprechen, kommt das Geschäft zustande. Bei Handelsgeschäften, die zwischen zwei unterschiedlichen Regelzonen durchgeführt werden, sind die ÜNB beider Regelzonen einbezogen. Abbildung 2.3 zeigt beispielhaft die Bilanz eines Bilanzkreises für eine Viertelstunde.

Auf jedem Bilanzkreis müssen sich Ein- und Ausspeisungen entsprechen.[6] Allerdings ist die ausgeglichene Gestaltung eines Bilanzkreises für einen Marktteilnehmer nur schwer möglich, sofern er nicht ausschließlich Handelsgeschäfte betreibt. Wird beispielsweise die Erzeugung von Kraftwerken in einem Bilanzkreis bilanziert, kann es zu Abweichungen kommen, wenn das Kraftwerk unerwartet ausfällt. Dies gilt auch, falls beim Einsatz EE ein Prognosefehler auftritt. Werden Kunden beliefert, ist deren Verbrauch ebenso nicht vollständig vorhersagbar.[7] Für die auftretenden Differenzen zwischen Ein- und Ausspeisungen muss vom Bilanzkreisverantwortlichen sogenannte Ausgleichsenergie in Anspruch genommen

[4] Kleinere Ein- und Ausspeisestellen haben in der Regel jedoch nur einen Mengenzähler, der jährlich ausgelesen wird. Mit Hilfe von statistischen Verfahren kann jedoch der zeitliche Verlauf hochgerechnet werden.

[5] Vgl. für eine Darstellung der Bilanzkreissystematik Horstmann und Cieslarczyk (2006, S. 104 ff.).

[6] Vgl. Bundesnetzagentur (2011, S. 21).

[7] Vgl. z. B. Swider (2006, S. 7).

werden. Diese wird vom ÜNB mit dem Ausgleichsenergiepreis abgerechnet, dessen Höhe sich nach den Kosten der Erbringung der Regelenergie richtet.[8]

2.1.2 Ausgleich von Marktungleichgewichten mit Regelenergie

Aufgrund der Vielzahl an Bilanzkreisen, die in einer Regelzone bewirtschaftet werden, gleichen sich die Abweichungen der verschiedenen Bilanzkreise teilweise aus. Dennoch ist der Saldo aller Bilanzkreise nie exakt null und somit Angebot und Nachfrage zunächst nicht im Gleichgewicht. Die Nichtlagerbarkeit von Strom führt jedoch dazu, dass sich Angebot und Nachfrage stets entsprechen müssen. Für den Ausgleich von Differenzen zwischen Angebot und Nachfrage setzt ein ÜNB deswegen Regelenergie ein. Die benötigte Menge an Regelenergie in einer Viertelstunde entspricht exakt dem Saldo der Ausgleichsenergie aller Bilanzkreise. Ist die Summe der Erzeugung kleiner als der Verbrauch, wird positive Regelenergie eingesetzt. Im umgekehrten Fall, wenn die Erzeugung größer ist als der Verbrauch, wird negative Regelenergie eingesetzt.[9] Positive Regelenergie wird dabei meist durch eine Erhöhung der Erzeugung eines Kraftwerks erbracht, negative Regelenergie durch eine Verringerung der Erzeugung. Damit jederzeit ausreichend positive oder negative Regelenergie zur Verfügung steht, müssen stets Kraftwerke einsatzbereit sein, welche die für die Bereitstellung von Regelenergie notwendige Flexibilität zur Verringerung oder Erhöhung der Erzeugung besitzen. Diese Kraftwerke werden als Regelenergiekraftwerke bezeichnet, die von ihnen vorgehaltene flexible Leistung als Regelleistung. Die Höhe der vorzuhaltenden Regelleistung in einer Regelzone ist so dimensioniert, dass ein Marktgleichgewicht für mindestens 99,975 % aller Viertelstunden gewährleistet ist.

Technisch gesehen hängt das Marktgleichgewicht mit der Frequenz im Stromnetz zusammen. Ein Ungleichgewicht am Markt lässt sich daher an einer Abweichung der Frequenz gegenüber der Zielgröße von 50 Hz erkennen.[10] Dabei steigt die Frequenz bei einem Überangebot über 50 Hz und sinkt bei einem Unterangebot unter 50 Hz. Bei einer Abweichung der Frequenz erfolgt in der Regel unverzüglich ein Abruf von Regelleistung. Dazu muss zumindest ein Teil der Regelleistung entsprechend schnell abrufbar sein. Wie in Abb. 2.4 dargestellt, wird dies durch die Primärregelleistung gewährleistet. Diese wird in großen thermischen Kraftwerken

[8] Vgl. Horstmann und Cieslarczyk (2006, S. 111).

[9] Vgl. Genoese (2010, S. 33 f.).

[10] Vgl. (auch im Folgenden) Swider (2006, S. 7 ff.).

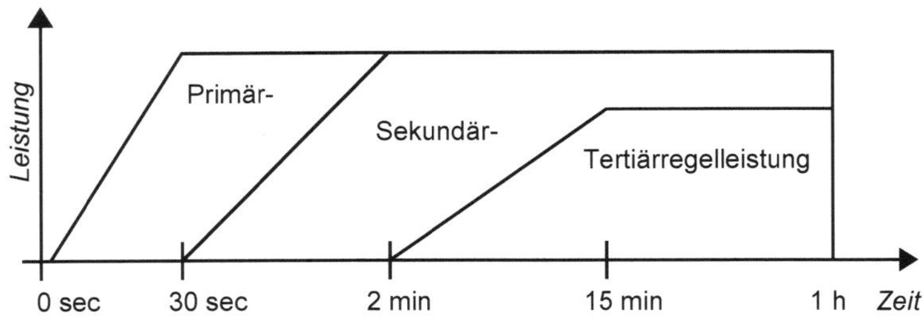

Abb. 2.4 Zeitlicher Ablauf des Regelleistungsabruf (eigene Darstellung nach Swider 2006, S. 10)

über das gesamte europäische Verbundnetz verteilt vorgehalten und in Abhängigkeit der Netzfrequenz dezentral und vollautomatisch eingesetzt. Die Primärregelleistung ist mit einem Umfang von drei GW so dimensioniert, dass sie jederzeit den Ausfall von zwei bis drei großen Kraftwerksblöcken gleichzeitig ersetzen kann. Innerhalb von zwei Minuten wird die Primärregelleistung durch die Sekundärregelleistung ersetzt. Der Einsatz erfolgt im Gegensatz zur Primärregelleistung zentral durch den ÜNB, in dessen Regelzone das Ungleichgewicht besteht.[11] Hierzu verwendet der ÜNB ebenfalls automatisierte Systeme. Die Tertiärregelleistung wird wie die Sekundärregelleistung durch den von einem Ungleichgewicht betroffenen ÜNB eingesetzt. Allerdings erfolgt der Einsatz manuell und nur wenn eine Störung längere Zeit besteht. In Deutschland setzen die vier ÜNB die Sekundärregelleistung und Tertiärregelleistung koordiniert ein. Dies bedeutet, dass die Abweichungen der vier Regelzonen zunächst saldiert werden und nur der Saldo ausgeglichen wird.[12]

Die Vorhaltung von Regelleistung schränkt Kraftwerksbetreiber bei der Kraftwerkseinsatzplanung ein. Daher erhalten diese hierfür eine Vergütung. Die auch als Leistungspreis bezeichnete Vergütung wird über einen Marktmechanismus ermittelt. Hierzu führen die deutschen ÜNB regelmäßig gemeinsame Ausschreibungen durch, bei denen die Anbieter mit dem günstigsten Leistungspreis den Zuschlag erhalten. Die von einem Regelenergiekraftwerk erbrachte Regelenergie wird über den sogenannten Arbeitspreis abgerechnet. Der Arbeitspreis kann vom Anbieter vor der Ausschreibung beliebig festgelegt werden. Der Einsatz der Regelenergiekraftwerke erfolgt beim ÜNB nach der Reihenfolge dieser Arbeitspreise.[13] Bei positiver Regelenergie werden die Kraftwerke mit dem niedrigsten Arbeitspreis zuerst eingesetzt. Je größer die auszugleichende Abweichung ist, desto höher ist folglich

[11] Vgl. Horstmann und Cieslarczyk (2006, S. 528).

[12] Vgl. Flinkerbusch (2011, S. 173 f.).

[13] Vgl. Swider (2006, S. 25 ff.).

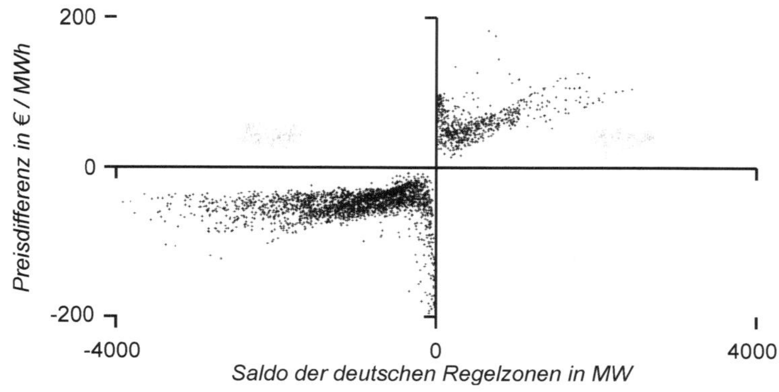

Abb. 2.5 Preis für Regelenergie und Regelzonensaldo für alle Viertelstunden des Monats März 2011 im Vergleich (eigene Darstellung mit Daten von TransnetBW 2013)

der vom ÜNB zu zahlende durchschnittliche Arbeitspreis. Umgekehrt sinkt der durchschnittliche Arbeitspreis mit zunehmender Abweichung bei negativer Regelleistung. Da der Ausgleichsenergiepreis, der für die Abrechnung von Bilanzkreisabweichungen verwendet wird, stark von den durchschnittlichen Arbeitspreisen abhängt, gibt es auch einen Zusammenhang zwischen Ausgleichsenergiepreis und Höhe der Abweichung. In Abb. 2.5 ist dieser Zusammenhang deutlich erkennbar.

Für einen Marktteilnehmer hat der Ausgleichsenergiepreis folgende finanzielle Bedeutung: Weist sein Bilanzkreis eine Abweichung auf, die der Richtung der Abweichung des Saldos der Regelzone entspricht, entstehen gegenüber einer Transaktion auf dem Großhandelsmarkt in der Regel höhere, im umgekehrten Fall niedrigere Kosten. Höhere Kosten gegenüber Markttransaktionen entstehen durch Ausgleichsenergie folglich dann, wenn die Abweichung eines Bilanzkreises positiv mit der Abweichung des Saldos der Regelzone korreliert ist. Häufig ist dies bei großen individuellen Abweichungen eines Bilanzkreises der Fall, da durch eine große Abweichung auch der Saldo der Regelzone beeinflusst wird.

2.2 Grundsätze der Preisbildungsmechanismen

In der Literatur wird die kurzfristige Preisbildung auf dem Großhandelsmarkt für Strom häufig mit dem Merit-Order-Modell beschrieben.[14] In Anlehnung an die auf den Endkundenmärkten vorherrschenden Festpreistarife ist die Annahme dabei

[14] Vgl. Andor u. a. (2010, S. 92).

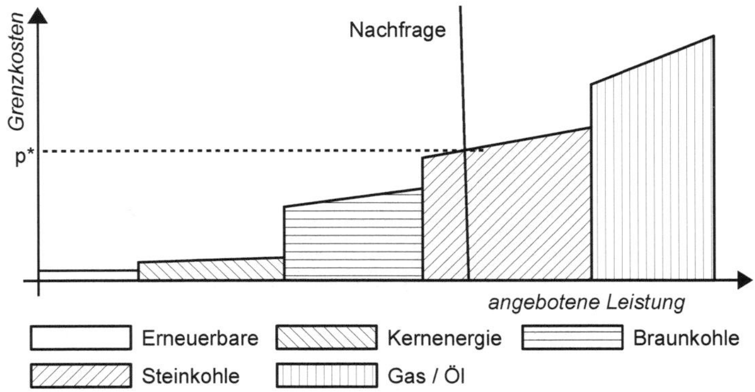

Abb. 2.6 Preisbildung im Merit-Order-Modell (eigene Darstellung)

eine nahezu preisunelastischen Nachfrage mit entsprechend steiler Nachfragekurve. Für den Verlauf der Angebotskurve wird unterstellt, dass dieser ausschließlich von den kurzfristigen Grenzkosten der Kraftwerke wie Brennstoffkosten und gegebenenfalls Kosten für CO_2-Zertifikate abhängt. Dementsprechend ist die Bestimmung der Angebotskurve durch eine Aufreihung aller Kraftwerke mit ansteigenden Grenzkosten möglich. Diese Reihenfolge wird als Merit-Order bezeichnet und ist namensgebend für das Merit-Order-Modell. Der Gleichgewichtspreis p^* ergibt sich im Modell, wie in Abb. 2.6 schematisch gezeigt, durch die Grenzkosten, des letzten, zur Befriedigung der Nachfrage eingesetzten Kraftwerks, dem sogenannten Grenzkraftwerk.[15] Die Schwankungen des Strompreises werden somit bei einem konstanten Kraftwerkspark im Merit-Order-Modell hauptsächlich durch Veränderungen der Nachfrage erklärt.

Die grundlegenden Preisstrukturen auf dem Strommarkt, wie z. B. die Differenz zwischen den Preisen werktags und am Wochenende, lassen sich mit dem Merit-Order-Modell gut nachbilden. In bestimmten Situationen können die modellierten Preise zu einzelnen Zeitpunkten jedoch von denen in der Realität deutlich abweichen. Grund hierfür ist, dass das Modell die intertemporalen Zusammenhänge beim Kraftwerkseinsatz[16] vernachlässigt. So fallen in der Realität beispielsweise zusätzlich zu den Brennstoffkosten einmalig An- und Abfahrkosten an. In einer Situation mit einem großen aber kurzen Nachfrageeinbruch lohnt es sich daher

[15] Vgl. Schiffer (2010, S. 408 f.).

[16] Vgl. Andor u. a. (2010, S. 92).

für einen Kraftwerksbetreiber häufig nicht, die Kraftwerke abzuschalten. Die kurzfristigen Grenzkosten liegen somit während des Nachfrageeinbruchs deutlich unter den Brennstoffkosten, unter Umständen sogar im negativen Bereich.[17] Eine Modellierung der Preisbildung unter Berücksichtigung der intertemporalen Zusammenhänge ist mit Ansätzen, wie z. B. gemischt-ganzzahligen Optimierungsmodellen möglich.[18]

2.3 Darstellung der verschiedenen Segmente des Großhandelsmarktes

Auf dem deutschen Strommarkt findet Handel mit Strom zwischen verschiedenen Marktparteien statt. Der Handel, der nicht den Verkauf von Strom an Endverbraucher zum Gegenstand hat, wird dabei als Großhandel verstanden.[19] Die Handelsgeschäfte, die auf dem Großmarkt getätigt werden, kann man anhand mehrerer Kriterien differenzieren.[20] So werden beispielsweise Kontrakte mit verschieden langen Lieferverpflichtungen oder verschiedenen Lieferstrukturen gehandelt. Zudem unterscheidet sich die Fristigkeit bis zum Beginn des Lieferzeitraums.[21] Ein weiteres Kriterium ist, ob ein Kontrakt eine physische Lieferung beinhaltet, oder ob es sich um ein rein finanzielles Produkt handelt.

Neben der Struktur der Handelsgeschäfte selbst, kann auch die Handelsform differenziert werden. Handel auf dem Großmarkt kann börslich oder außerbörslich (OTC) erfolgen. OTC Handel wird häufig bilateral oder über verschiedene lose organisierte Handelsplattformen und Broker ausgeführt. Durch die geringe Regulierung und Standardisierung ist eine hohe Flexibilität und eine Vielzahl unterschiedlich strukturierter Kontrakte möglich. Allerdings sind die OTC Märkte dadurch auch intransparent und bergen für die Teilnehmer hohe Transaktionsrisiken. Börslicher Handel ist nur für die am meisten nachgefragten Kontrakte möglich. Für diese bietet er jedoch eine hohe Transparenz, einfache Abwicklung und praktisch keine Transaktionsrisiken.[22]

Anhand der genannten Kriterien ist eine Aufteilung des Großhandelsmarktes in verschiedene Segmente möglich. Im Folgenden werden die wichtigsten Segmente

---

[17] Vgl. Grimm et al. (2008, S. 155).

[18] Vgl. Genoese (2010, S. 85).

[19] Vgl. Genoese (2010, S. 30).

[20] Vgl. Konstantin (2006, S. 43).

[21] Vgl. Schiffer (2010, S. 290).

[22] Vgl. Borchert et al. (2006, S. 13).

dargestellt: Terminmarkt, Spotmarkt und Intradaymarkt. Dabei wird ausschließlich auf die börslichen Strukturen eingegangen, da der Handel mit Strom aus EE hauptsächlich dort stattfindet und der börsliche Markt zudem ein guter Indikator für den OTC Markt ist.[23]

2.3.1 Der Terminmarkt für Strom

Der Terminmarkt ist ein Marktsegment des Strommarktes für den Handel von längerfristigen Terminkontrakten. Diese werden als Futures bezeichnet.[24] Für das deutsche Marktgebiet wird der börsliche Terminhandel von der European Energy Exchange (EEX) in Leipzig durchgeführt. Die EEX ist eine auf den Bereich Energie spezialisierte Börse, an der Strom, Erdgas, Emissionsrechte und Kohle gehandelt werden können.[25] Der Terminmarkt für Strom der EEX umfasst den Handel von Futures mit Lieferzeiträumen von einer Kalenderwoche, eines Kalendermonats, eines Quartals sowie eines Kalenderjahres. Dabei ist der Handel bis zu sechs Jahre im Vorhinein möglich. Es können sowohl Futures mit der Lieferstruktur Base als auch Peak gehandelt werden. Base bedeutet die konstante Lieferung einer Menge Strom über den gesamten Lieferzeitraum, Peak ausschließlich die Lieferung zu den Zeiten hohen Verbrauchs werktags zwischen 8:00 und 20:00 Uhr.[26]

Alle Futures können physisch und finanziell gehandelt werden. Bei physischen Kontrakten erfolgt während des Lieferzeitraums eine tatsächliche physische Stromlieferung zwischen Börse und Handelsteilnehmer. Bei finanziellen Kontrakten findet lediglich ein finanzieller Ausgleich gegenüber einem Basiswert statt. Als Basiswert für die Abrechnung der finanziellen Kontrakte der EEX werden die Preise des Spotmarktes verwendet. Neben den Futures sind an der EEX auch Optionen auf die Jahres-Futures handelbar.[27] Die Handelszeiten für sämtliche Futures und Optionen sind fortlaufend werktäglich zwischen 8:00 und 18:00 Uhr bis zum vorletzten Werktag des ihnen zugrunde liegenden Lieferzeitraums.

Insgesamt betrug im Jahr 2010 am Terminmarkt das Transaktionsvolumen der über 150 unterschiedlichen Akteure 1.208 TWh. Dies entsprach 224 % der gesamten Stromnachfrage in Deutschland. Die Akteure verfolgen mit ihren Aktivitäten am Terminmarkt unterschiedliche Ziele. So sichern z. B. große Stromerzeuger ihre

---

[23] Vgl. Genoese (2010, S. 30 f.).

[24] Vgl. Pfaffenberger et al. (2012, S. 71).

[25] Vgl. European Energy Exchange AG (2011b, S. 3 ff.).

[26] Vgl. Borchert et al. (2006, S. 10).

[27] Vgl. zu den Angaben zum EEX Terminmarkt European Energy Exchange AG (2011a).

Erzeugungsposition am Terminmarkt ab. Stromvertriebe beschaffen im Vorhinein Strom, um Preisgarantien abgeben zu können. Banken und Investmentfonds nehmen Positionen insbesondere im Bereich der finanziellen Futures ein, um Gewinne durch Preisänderungen zu erzielen.[28] Die Preisbildung am Terminmarkt wird dabei hauptsächlich durch die Erwartungen über die Spotmarktpreise bestimmt, die mittel- und langfristig vor allem von den Preisen für Primärenergieträger abhängen. Für den Handel von Strom aus fluktuierenden EE ist der Terminmarkt aufgrund des minimalen Handelszeitraums von einer Woche und der festen Base oder Peak Struktur wenig geeignet. Eine deutlich größere Bedeutung für EE hat der Spotmarkt.

2.3.2 Der Spotmarkt für Strom

Als Spotmarkt wird der Markt für den Handel von Strom mit Lieferung am nächsten Tag bezeichnet. Aufgrund dieses zeitlichen Bezugs werden auch die Begriffe Day-Ahead-Markt oder vortäglicher Markt verwendet.[29] Börslicher Spotmarkt-Handel für das deutsche Marktgebiet ist an der Energy Exchange Austria (EXAA) in Wien und der European Power Exchange (EPEX) in Paris möglich. Die EPEX, an welcher der größte Teil des Spotmarktvolumens gehandelt wird[30] und auf deren börslichen Handel sich die folgende Ausführung bezieht, ist ein Gemeinschaftsunternehmen der EEX und der französischen Strombörse Powernext. Neben dem deutschen Marktgebiet gibt es an der EPEX auch Handelsmöglichkeiten für das französische, österreichische und schweizerische Marktgebiet. Der Spotmarkt ermöglicht den Handel von Kontrakten, die jeweils die konstante Lieferung von Strom in einer Stunde des Folgetages umfassen.Vgl. zu den Handelsbedingungen EPEX SPOT SE 2011a, S. 6 ff. Dabei beinhalten die Kontrakte zwingend eine physische Lieferung des Stroms über einen Bilanzkreis. Der Spotmarkt ist als Einheitspreisauktion ausgestaltet. Bis 12:00 Uhr können Gebote für Kontrakte abgegeben werden. Anschließend wird durch die EPEX ein für jede Stunde des Folgetages einheitlicher Marktgleichgewichtspreis errechnet.[31] Dieser dient zur Abwicklung aller Geschäfte.

---

[28] Vgl. Schiffer (2010, S. 286 f.).

[29] Vgl. Genoese (2010, S. 31) Der deutsche Begriff findet sich insbesondere in Gesetzen und Verordnungen wie z. B. der Verordnung zur Weiterentwicklung des bundesweiten Ausgleichsmechanismus.

[30] An der EPEX Spot wurde im Jahr 2010 ein Handelsvolumen von 205,5 TWh erzielt. Vgl. EPEX SPOT SE 2011d, S. 1. An der EXAA wurden im gleichen Zeitraum nur 6,4 TWh gehandelt. Vgl. Energy Exchange Austria, S. 2.

[31] Vgl. für eine Darstellung dieser Auktionsform Grimm et al. (2008).

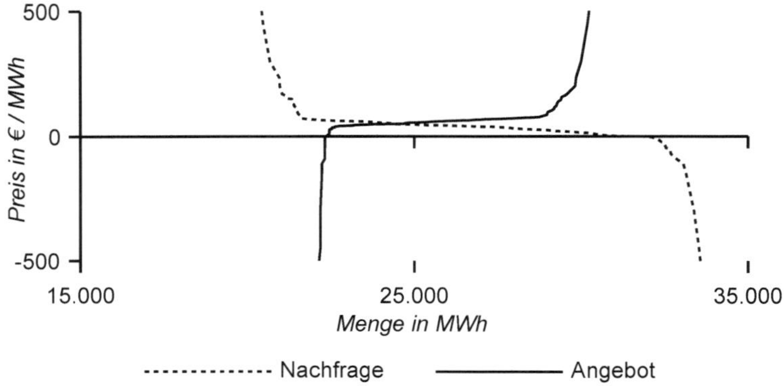

Abb. 2.7 Angebots- und Nachfragekurve der 12. Stunde am 25.09.2010 (eigene Darstellung mit Daten der TransnetBW GmbH)

Am Spotmarkt ist neben Geboten für Einzelstunden auch die Abgabe von Blockgeboten möglich, die mehrere Stundenkontrakte umfassen. Für einen Zuschlag wird hierbei der Preis von allen gehandelten Stunden berücksichtigt. Abbildung 2.7 zeigt exemplarisch die aus den Geboten der Markteilnehmer resultierenden Angebots- und Nachfragekurven für den EPEX Spotmarkt am 25. September 2010 für die Stunde zwölf. Im Gegensatz zum Merit-Order-Modell ist die Nachfragekurve am Spotmarkt nicht unelastisch. Allerdings stellt diese im Spotmarkt nicht die Endkundennachfrage dar, sondern die von Großhandelsmarktteilnehmer wie z. B. Vertrieben mit eigener Erzeugung. Je nach Marktpreis ist es für diese wirtschaftlicher, Strom selbst zu erzeugen oder am Markt einzukaufen. Empirische Studien zeigen, dass der Spotmarktpreis sehr gut mit Merit-Order-Modellen erklärt werden kann, die um intertemporale Zusammenhänge ergänzt sind.[32]

Eine Besonderheit des Spotmarktes ist die Kopplung mehrerer europäischer Marktgebiete durch einen Marktkopplungsmechanismus. Abbildung 2.8 zeigt die Marktgebiete, die über den Marktkopplungsmechanismus gekoppelt sind. Ziel der Marktkopplung ist ein wohlfahrtsoptimaler grenzüberschreitender Stromhandel vor dem Hintergrund der Beschränkung der grenzüberschreitenden Transportkapazitäten.[33] Der Marktkopplungsmechanismus greift dabei auf die Gebote aller beteiligten Spotmarkt-Börsen, sowie die verfügbaren Transportkapazitäten zu. Mittels dieser Daten können die wohlfahrtsoptimalen Stromflüsse zwischen den Marktgebieten mit einem gemischt-ganzzahligen Optimierungsprogramm berechnet

[32] Vgl. z. B. Ellersdorfer u. a. (2008).

[33] Vgl. für eine einführende Übersicht z. B. Meeus u. a. (2009, S. 228 ff.).

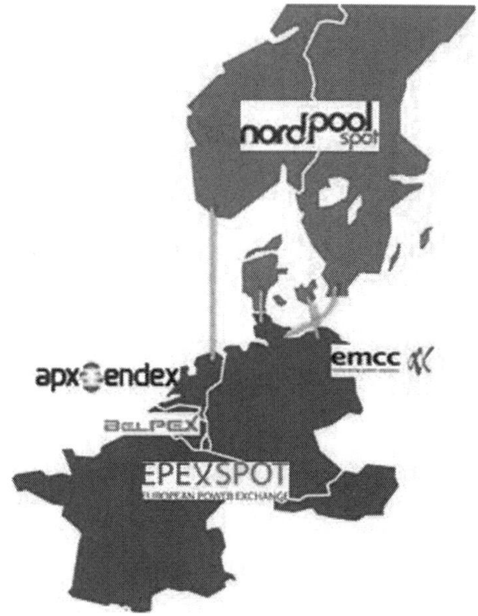

Abb. 2.8 Gekoppelte Marktgebiete. (Quelle: EPEX SPOT SE 2011b)

werden.[34] Implizit ergeben sich dabei auch die Marktgleichgewichtspreise der verschiedenen Marktgebiete. Je nach verfügbaren Transportkapazitäten ergibt sich ein einheitlicher Preis für alle Marktgebiete, oder es unterscheiden sich die Preise aller bzw. einiger Marktgebiete. In letzterem Fall stellt die Preisdifferenz zwischen zwei Marktgebieten implizit den Wert der Transportkapazität dar. Der Marktkopplungsmechanismus wird kalendertäglich unter Beteiligung aller in Abb. 2.8 aufgeführten Spotmarktbörsen ausgeführt und ist die Grundlage für die Preisbildung in den Marktgebieten.

Für EE ist der Spotmarkt gut geeignet, da am Vortag bereits Prognosen für die Stromerzeugung zur Verfügung stehen. Zudem kann über die stündliche Auflösung der Verlauf der Stromerzeugung nachgebildet werden. Ein weiterer Vorteil ist die hohe Liquidität, die unter anderem durch die Marktkopplung erreicht wird. Aufgrund des großen Prognosehorizonts, insbesondere beim Handel für die späten Abendstunden, können jedoch bei der tatsächlichen Erzeugung gegenüber der Prognose signifikante Abweichungen auftreten.

[34] Vgl. für eine Darstellung des Verfahrens Weber et al. (2010, S. 306).

2.3.3 Der Intradaymarkt für Strom

Der Intradaymarkt ist ein Markt für den Stromhandel mit sehr kurzem Horizont bis zum Beginn der Lieferung. Der Handel am Intradaymarkt wird dabei wie der Spotmarkt von der EPEX organisiert. Im Gegensatz zum Spotmarkt als Einheitspreisauktion findet jedoch im Intradaymarkt ein laufender Handel rund um die Uhr statt. Die Stundenkontrakte können ab 15 Uhr des Vortages bis 45 min vor Lieferung gehandelt werden. Wie beim Spotmarkt sind physikalische Stundenkontrakte handelbar.[35] Seit dem Jahr 2012 ist auch der Handel von Viertelstundenkontrakten möglich. Ein umfangreicher Marktkopplungsmechanismus, wie beim Spotmarkt, existiert für den Intradaymarkt nicht. Allerdings können über das Flexible Intraday Trading Scheme der EPEX grenzüberschreitende Transaktionen zwischen dem deutschen und dem französischen Marktgebiet durchgeführt werden.

Die Preisbildung am Intradaymarkt kann, wie am Spotmarkt, grundsätzlich mit dem Merit-Order-Modell erklärt werden. Allerdings ist die Anzahl der Teilnehmer und damit die Liquidität am Intradaymarkt deutlich geringer als am Spotmarkt. Vor allem nachts und am Wochenende sind nur weniger Händler aktiv. Das gesamte Handelsvolumen am Intradaymarkt betrug mit zehn TWh im Jahr 2010 nur knapp fünf Prozent vom Volumen am Spotmarkt. Dies führt dazu, dass die Merit-Order-Kurve am Intradaymarkt steiler als am Spotmarkt ist. Die theoretisch mögliche Liquidität des Marktes sinkt mit abnehmendem zeitlichen Horizont bis zur Lieferung, da aus technischen oder organisatorischen Gründen bestimmte Kraftwerke größere Vorlaufzeiten bis zur Aktivierung benötigen. Die Steigung der Merit-Order-Kurve erhöht sich daher mit abnehmendem Lieferhorizont. Durch seine Ausgestaltung mit der Möglichkeit bis kurz vor Lieferung zu handeln, ist der Intradaymarkt grundsätzlich sehr gut für den Handel mit Strom aus EE geeignet. Aufgrund der geringen Liquidität eignet sich der Intradaymarkt jedoch nur für den Handel von kleinen Mengen. Der allergrößte Teil des Stroms aus EE wird daher am Spotmarkt gehandelt.

[35] Vgl. EPEX SPOT SE (2011a, S. 10).

Gesetzliche Förderung erneuerbarer Energien

3

EE werden seit Beginn der Elektrifizierung vor allem in Form von Wasserkraft in großem Umfang zur Stromerzeugung eingesetzt.[1] Der Anteil der Stromerzeugung aus Wasserkraft ist in den letzten Jahrzehnten jedoch stetig zurückgegangen, da der Zubau von Kraftwerkskapazitäten mit anderen Energieträgern deutlich stärker ausfiel. Seit dem Jahr 1971 sank so der Anteil der Wasserkraft an der weltweiten Stromerzeugung bis zum Jahr 2007 von 23 % auf 15,6 % ab.[2] Grund hierfür sind vor allem die für Wasserkraftwerke im Vergleich hohen Kapitalkosten und weltweit wie auch in Deutschland beschränkte Ausbaupotentiale.[3] Andere Arten von EE zur Stromerzeugung wie Wind- oder Solarenergie erfordern ebenfalls deutlich höhere Investitionen als fossile Energieträger oder Kernbrennstoffe.[4] Ohne gesetzliche Förderung ist der Einsatz erneuerbarer Energien in der Stromerzeugung somit meist nicht wirtschaftlich.

EE besitzen gegenüber anderen Energieträgern jedoch deutliche Vorteile wie beispielsweise die Vermeidung von CO2 Emissionen oder von radioaktivem Müll. Zudem ist eine unabhängige Stromerzeugung ohne Import von Brennstoffen möglich. Aufgrund verschiedener Themenfelder wie z. B. der Debatte um die globale Erwärmung oder um die Ölkrise in den 1970er Jahren entstand daher sowohl in der Gesellschaft als auch in der Politik der Wunsch, EE verstärkt zur Stromerzeugung einzusetzen.[5] Dies führte letztendlich 1991 zur Einführung einer ersten gesetzlichen Förderung für EE in Deutschland.

Im Folgenden wird zunächst ein kurzer Überblick über die historische Entwicklung der gesetzlichen Förderung gegeben. Die aktuellen Fördermechanismen werden anschließend detailliert erläutert.

[1] Vgl. Quaschning (2011, S. 294).

[2] Vgl. OECD (2010, S. 112).

[3] Vgl. Konstantin (2006, S. 327).

[4] Vgl. Wissel u. a. (2008, S. 14).

[5] Vgl. Bruns u. a. (2010, S. 15 ff.).

Dietmar R. Graeber, *Handel mit Strom aus erneuerbaren Energien*, essentials,
DOI 10.1007/978-3-658-05941-5_3, © Springer Fachmedien Wiesbaden 2014

3.1 Entwicklung der gesetzlichen Förderung

In Deutschland begann die Förderung von EE im Jahr 1991 mit dem Gesetz über die Einspeisung von Strom aus erneuerbaren Energien in das öffentliche Netz, kurz Stromeinspeisungsgesetz (StromEinspG).[6] Das Stromeinspeisungsgesetz umfasste fünf Paragrafen und enthielt bereits wesentliche Elemente der heutigen Förderung. Strom aus EE musste nach dem StromEinspG bis zu einer bestimmten Anlagengröße von dem für das Versorgungsgebiet zuständigen EVU abgenommen und vergütet werden.[7] Die Vergütung entsprach einem prozentualen Anteil des durchschnittlichen Strompreises im Versorgungsgebiet und war abhängig vom Energieträger.[8] Mit einigen Anpassungen, die insbesondere Härtefallregelungen für aufnehmende EVUs betraf, war das Gesetz bis einschließlich 1999 in Kraft und führte, wie in Abb. 3.1 dargestellt, zu einem ersten Anstieg der Kapazität von Kraftwerken zur Stromerzeugung aus EE.

Im Jahr 2000 wurde das StromEinspG durch das Gesetz für den Vorrang erneuerbarer Energien, kurz Erneuerbare Energien Gesetz (EEG) abgelöst. Die wichtigsten Änderungen waren die Einführung einer Netzanschlusspflicht, eine bundesweite Ausgleichsregelung bei den Kosten der Förderung, sowie die Festlegung von Einspeisevergütungen, die unabhängig von den durchschnittlichen Strompreisen eines Versorgungsgebiets sind.[9] Weitere Anpassungen des EEG traten 2004 und 2009 in Kraft. Das EEG 2004 und 2009 brachte vor allem Änderungen bei den Vergütungen mit sich. Im EEG 2009 war auch erstmals eine Möglichkeit zur Direktvermarktung von Strom aus EE gegeben. Die letzte größere Novellierung des EEG erfolgte zum 1. Januar 2012. Die wesentliche Neuerung gegenüber den Vorgängergesetzen ist eine stärkere Marktorientierung der Förderung.

Die Rahmenbedingungen des EEGs führten zu einer gegenüber dem StromEinspG höheren Investitionssicherheit. Die Investitionen in Kraftwerke zur Stromerzeugung aus EE sind seit dem Jahr 2000 daher im Vergleich zu den Vorjahren deutlich angestiegen. Wie in Abb. 3.1 dargestellt, wurden anfangs insbesondere Windkraftanlagen installiert, ab 2004 vermehrt auch Biomasse- und Photovoltaikanlagen. Die Investitionen in Anlagen zur Stromerzeugung aus EE betrugen so im Jahr 2010 beispielsweise in Summe mehr als 26 Mrd. €. Der Anteil der Photovoltaik umfasste davon 19,5 Mrd. €, der von Windkraft 2,5 Mrd. €. Auch die

[6] Vgl. zur Entstehung des Einspeisungsgesetzes Bruns u. a. (2010, S. 58 ff.) oder Berchem (2006).

[7] Vgl. § 1 und 2 StromEinspG.

[8] Vgl. § 3 StromEinspG.

[9] Vgl. Jarass et al. (2009, S. 99 f.).

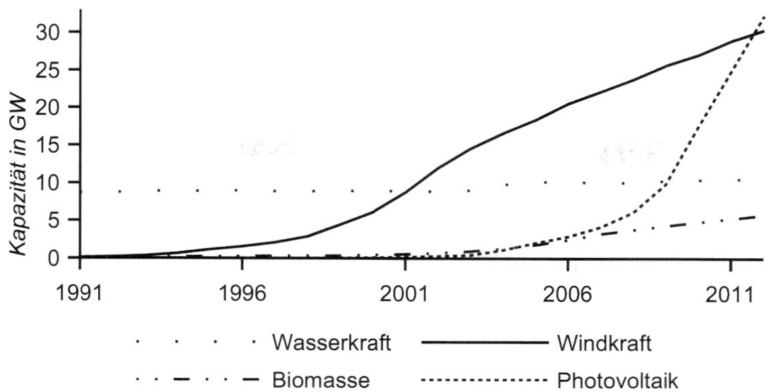

Abb. 3.1 Entwicklung der installierten Kapazität von 1991 bis 2012 (eigene Darstellung; Datenquelle: Bis 2011 Bundesministerium für Wirtschaft und Technologie 2012, für 2012 vgl. IWES 2013 für Wind und Bundesnetzagentur 2013 für PV. Eigene Schätzung für Biomasse und Wasserkraft in 2012)

Summe der Vergütungszahlungen stieg mit der wachsenden installierten Leistung Jahr für Jahr an. Im Jahr 2010 wurde mit 12,7 Mrd. € bereits ein sehr hoher Wert erreicht. Der Förderanteil daran, d. h. die Summe der EEG Vergütungen abzüglich des Marktwerts des Stroms betrug 9,2 Mrd. €.[10]

3.2 Die Fördermechanismen im EEG 2012

Das EEG ist in der Version von 2012 zu einem umfangreichen Gesetzeswerk mit 66 Paragrafen und fünf Anhängen herangewachsen. Insgesamt füllt das Gesetz knapp 60 DIN A4 Seiten mit Text. Gefördert werden nach dem EEG Anlagen zur Stromerzeugung aus „Wasserkraft einschließlich der Wellen-, Gezeiten-, Salzgradienten- und Strömungsenergie, Windenergie, solare Strahlungsenergie, Geothermie, Energie aus Biomasse einschließlich Biogas, Biomethan, Deponiegas und Klärgas sowie aus dem biologisch abbaubaren Anteil von Abfällen aus Haushalten und Industrie."[11] Neben der Verwendung eines der aufgeführten Energieträger hängt die Förderfähigkeit noch von weiteren Bedingungen wie z. B. bestimmten technischen Vorgaben ab.[12]

[10] Vgl. Bundesministerium für Umwelt, Naturschutz und Reaktorsicherheit (2011a, S. 11 ff.).

[11] § 3, 3. EEG (2012).

[12] Vgl. § 6 EEG (2012).

Die Förderung lässt sich in Regelungen zum Netzanschluss, zur Einspeisung und zur Vergütung unterscheiden. Die Regelungen zu Netzanschluss und Einspeisung sind größtenteils für alle Anlagen einheitlich. Die wichtigsten Punkte lassen sich hierzu wie folgt zusammenfassen: Alle nach dem EEG förderfähigen Anlagen sind vom zuständigen Netzbetreiber vorrangig und unverzüglich anzuschließen.[13] Wenn notwendig, ist eine Erweiterung der Netzkapazität vom Netzbetreiber durchzuführen.[14] Die Einspeisung von nach dem EEG förderfähigen Anlagen erfolgt vorrangig.[15] Dies bedeutet, dass falls sich im Netzbetrieb Kapazitätsengpässe ergeben, zunächst eine Abschaltung von konventionellen Kraftwerken erfolgt. Müssen dennoch nach dem EEG geförderte Anlagen abgeschaltet werden, ist Schadenersatz fällig.[16]

Bei der Vergütung besteht für einen Anlagenbetreiber ein Wahlrecht zwischen der Förderung durch eine Einspeisevergütung oder über eine Marktprämie oder auf Grundlage des Grünstromprivilegs. Da die Bedeutung des Grünstromprivilegs sehr gering ist, werden im Folgenden ausschließlich die Grundzüge der beiden anderen Mechanismen dargestellt.

3.2.1 Die Einspeisevergütung

Die Förderung der Stromerzeugung aus EE über eine Einspeisevergütung ist historisch über das Stromeinspeisungsgesetz und das EEG gewachsen und war bis zum EEG 2009 die einzige Fördermöglichkeit. Auch im EEG 2012 ist diese Art der Förderung der Standard der automatisch herangezogen wird, falls kein anderer Fördermechanismus gewählt wird. Bei der Förderung über die Einspeisevergütung erhält ein Anlagenbetreiber über den gesamten Förderzeitraum, der 20 Jahre zuzüglich des Inbetriebnahmejahres beträgt, eine garantierte, meist konstante Vergütung für den erzeugten Strom.[17] Ausbezahlt wird die Vergütung vom Anschlussnetzbetreiber. Die Höhe der Vergütung, die in Cent pro Kilowattstunde (kWh) angegeben wird, hängt von einer Vielzahl von Parametern ab, die sich je nach Energieträger unterscheiden. Relevant für die Höhe der Einspeisevergütung ist beispielsweise die Anlagengröße oder das Jahr der Installation. Zudem können der Ort der Installation oder technische Anlagenspezifikationen eine Rolle spielen. Insgesamt existiert damit nach dem EEG eine komplexe Vergütungsstruktur für Strom aus EE.

[13] Vgl. § 5 EEG (2012).

[14] Vgl. § 9 EEG (2012).

[15] Vgl. § 8 EEG (2012).

[16] Vgl. § 10 EEG (2012).

[17] Vgl. Teil 3 EEG (2012).

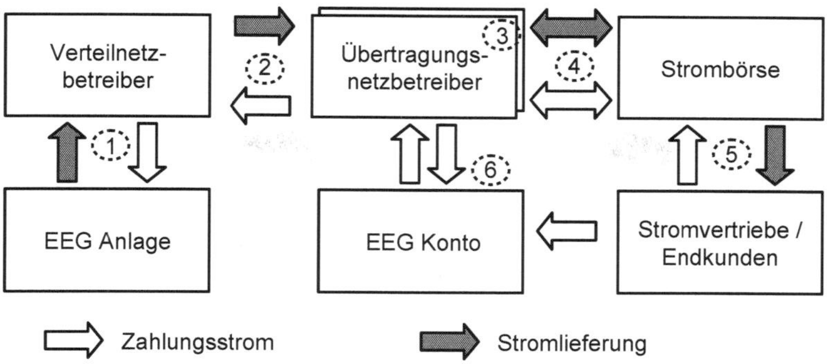

Abb. 3.2 Fördermechanismus bei der Einspeisevergütung (eigene Darstellung nach Graeber; Kleine 2013, Abb. 2)

Der Mechanismus zur Förderung der Stromerzeugung durch die Einspeisevergütung wird in Abb. 3.2 dargestellt. Dieser ist durch das EEG in Verbindung mit der Verordnung zur Weiterentwicklung des bundesweiten Ausgleichsmechanismus, kurz Ausgleichsmechanismusverordnung (AusglMechV) geregelt. Schritt eins ist die Abnahme des geförderten Stroms durch den Anschlussnetzbetreiber. In den meisten Fällen ist dies ein VNB, nur wenige, sehr große Anlagen sind direkt im Übertragungsnetz angeschlossen. Der Anlagenbetreiber erhält für den abgegebenen Strom die ihm zustehende Einspeisevergütung. In Schritt zwei folgt die Lieferung des gesamten durch Einspeisevergütungen geförderten Stroms im Netz des VNBs an den ÜNB, in dessen Netzgebiet der VNB angeschlossen ist. Der VNB erhält dabei vom ÜNB eine Zahlung, die der Summe aller vom VNB ausgeschütteten Einspeisevergütungen entspricht. Zwischen den vier deutschen ÜNB findet dann im dritten Schritt ein Ausgleich statt. Jeder ÜNB verantwortet anschließend für jeden Energieträger eine Menge an EEG Strom, der seinem Anteil des Letztverbrauchs in Deutschland entspricht. Der ÜNB vermarktet in Schritt vier anschließend den Strom zum regulären Marktpreis an der Strombörse.[18] Von dort gelangt der Strom im fünften Schritt entweder direkt oder über zwischengeschaltete Stromhändler über die Stromvertriebe an die Endkunden. Da die Markterlöse für den ÜNB im Mittel niedriger als die Einspeisevergütung sind, reichen sie für die Zahlungen an die VNB nicht aus. Die Differenzen zwischen durchschnittlichem Markterlös und Einspeisevergütung entnimmt der ÜNB daher in Schritt sechs aus

[18] Vgl. § 2 AusglMechV in Verbindung mit § 37 EEG (2012).

dem EEG Konto.[19] Die nötigen Mittel fließen dem EEG Konto wiederum über die sogenannte EEG-Umlage zu, die bei den Strom-Endverbrauchern erhoben wird.[20]

Die Förderung der Stromerzeugung aus EE über eine feste Vergütung hat sich in Deutschland durch die hohen Investitionszahlen als ein sehr effektiver Fördermechanismus erwiesen. Grund hierfür ist die gute Planbarkeit und die Sicherheit der Erlöse für den Anlagenbetreiber. Zudem gestaltet sich für den Anlagenbetreiber wegen der Vermarktung durch den ÜNB die Abwicklung als sehr einfach. Hauptnachteil der Einspeisevergütung ist, dass keinerlei Anreiz zur bedarfsgerechten Stromerzeugung besteht. Dies führte in der Vergangenheit bereits mehrfach zu einer überhöhten Stromerzeugung und damit zu stark negativen Preisen auf dem Strommarkt.[21]

3.2.2 Das Marktprämienmodell

Anstelle der Förderung über die Einspeisevergütung kann ein Anlagenbetreiber auch eine Förderung über die Marktprämie wählen.[22] Ein Wechsel von der Einspeisevergütung zur Marktprämie oder zurück ist für jeden Kalendermonat auf Antrag des Anlagenbetreibers möglich. Voraussetzung für die Förderung durch die Marktprämie ist wie bei der Einspeisevergütung zunächst die grundsätzliche Förderfähigkeit. Zusätzlich müssen jedoch in manchen Fällen weitere technische oder bilanzierungstechnische Bedingungen eingehalten werden.[23] Die Förderung mit einer Marktprämie ist zudem nur möglich, wenn der erzeugte Strom vom Anlagenbetreiber selbst oder über einen Dienstleister direkt vermarktet wird. Wie in Abb. 3.3 als Schritt eins dargestellt, kann die Vermarktung an der Börse oder am OTC-Markt erfolgen. Der Anlagenbetreiber erhält dort den regulären Marktpreis. Der Strom wird im zweiten Schritt über Vertriebe an die Endkunden geliefert. Zusätzlich erhält der Anlagenbetreiber vom Netzbetreiber die Zahlung einer Marktprämie. Diese Zahlung wird, wie in Schritt drei dargestellt, über die EEG Umlage und dem EEG Konto von den Endkunden finanziert.

Die Marktprämie besteht aus zwei unterschiedlichen Komponenten: der Differenz zwischen einem Referenzmarktwert und die der Anlage entsprechenden Einspeisevergütung in Form einer gleitenden Marktprämie, sowie einer Managementprämie. Die Abrechnung der gleitenden Marktprämie erfolgt rückwirkend je-

[19] Vgl. § 3 AusglMechV.

[20] Vgl. § 37 EEG (2012).

[21] Vgl. hierzu z. B. Andor u. a. (2010).

[22] Vgl. § 33b EEG (2012).

[23] Vgl. § 33c EEG (2012). Größere Anlagen müssen diese Bedingungen auch für die EEG Vergütung erfüllen (vgl. § 6 EEG 2012).

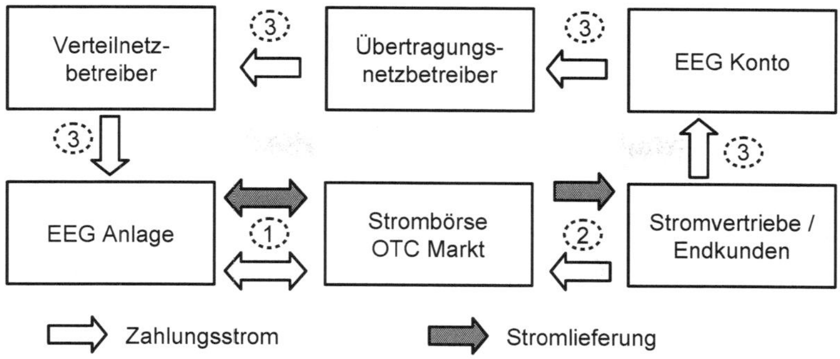

Abb. 3.3 Fördermechanismus beim Marktprämienmodell (eigene Darstellung nach Graeber; Kleine 2013, Abb. 3)

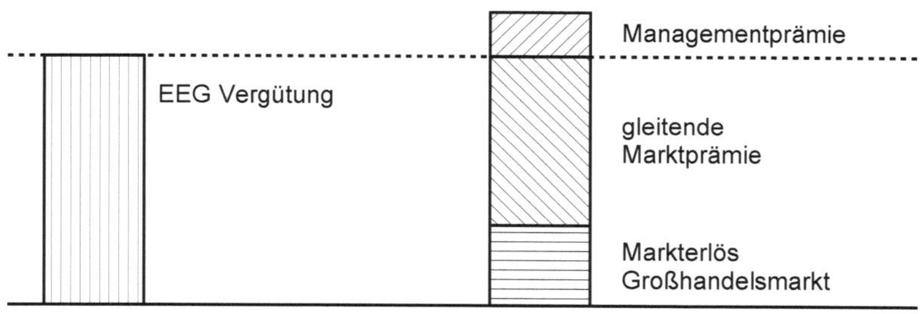

Abb. 3.4 Vergleich von Einspeisevergütung und Marktprämienmodell (eigene Darstellung)

weils auf Basis eines Kalendermonats. Der Referenzmarktwert wird dabei für jeden Energieträger individuell bestimmt und entspricht dem mittleren am Spotmarkt der EPEX erzielbaren Erlös der Einspeisung aller Anlagen eines Energieträgers. Für Biomasse und Wasserkraftanlagen wird vereinfachend der durchschnittliche EPEX Spotmarktpreis als Referenzmarktwert herangezogen.[24] Wie in Abb. 3.4 dargestellt, ergeben Markterlöse am Großhandelsmarkt und gleitende Marktprämie zusammen in etwa den gleichen Wert wie die Einspeisevergütung. Kleinere Abweichungen sind jedoch möglich, da der Referenzmarktwert nicht anhand der individuellen Anlage berechnet wird. Die Managementprämie besteht aus einem festen Wert je erzeugter kWh und soll die Kosten der Direktvermarktung abdecken.[25]

---

[24] Vgl. § 33 g EEG (2012).

[25] Der Marktprämienmechanismus geht auf einen Vorschlag des Fraunhofer Instituts für System- und Innovationsforschung in Karlsruhe zurück. Vgl. hierzu Sensfuß und Ragwitz (2011).

Die Direktvermarktung mit Marktprämie ist für einen Anlagenbetreiber wirtschaftlich attraktiv, falls die Kosten der Direktvermarktung die Managementprämie unterschreiten. Durch seine Ausgestaltung führt das Marktprämienmodell somit zu Anreizen für eine möglichst effiziente Vermarktung. Zudem eröffnet die Teilnahme am Marktprämienmodell einem Anlagenbetreiber weitere Erlösmöglichkeiten. Bei steuerbaren Anlagen wie Biogasanlagen ist beispielsweise eine flexible Erzeugung möglich. Dabei wird zu Zeiten mit hoher Stromnachfrage und entsprechend hohen Preisen mehr erzeugt als in Schwachlastzeiten. Damit steigt der durchschnittliche Markterlös für den erzeugten Strom an. Eine Erweiterung oder Umrüstung von Anlagen zur Ermöglichung einer flexiblen Erzeugung wird bei der Teilnahme am Marktprämienmodell durch eine Flexibilitätsprämie zusätzlich gefördert.[26] Neben der flexiblen Erzeugung ist auch eine Teilnahme am Regelenergiemarkt möglich, wenn die Marktprämie in Anspruch genommen wird.[27] Die Marktprämie bietet im Vergleich zur Einspeisevergütung somit attraktive Möglichkeiten für Zusatzerlöse bei ähnlich hoher Investitionssicherheit. Durch die Anreize zur bedarfsgerechten Erzeugung führt das Marktprämienmodell zu einer stärkeren Marktintegration von EE.

[26] Vgl. § 33i EEG (2012).

[27] Zur Möglichkeiten der Teilnahme von EEG Anlagen am Regelenergiemarkt vgl. CONSENTEC Consulting für Energiewirtschaft und -technik GmbH et al. (2011, S. 103 ff.). Zu beachten ist, dass noch auf das EEG 2009 Bezug genommen wird.

4 Vermarktung von Strom aus erneuerbaren Energien

Der Handel mit Strom aus EE unterscheidet sich vor allem auf der Seite des Verkäufers, d. h. bei der Vermarktung, vom Handel mit Strom aus konventionellen Energieträgern. Als Folge der staatlichen Förderung und der fluktuierenden Einspeisung von EE ergeben sich gegenüber Strom aus konventionellen Energieträgern zusätzliche Anforderungen. Beim Kauf hingegen, gibt es in der Regel keine Unterschiede. In den beschriebenen Segmenten des Großhandelsmarktes ist für einen Käufer ohnehin nicht erkennbar, aus welchen Quellen der gekaufte Strom stammt. Besonderheiten ergeben sich auf Seite des Käufers nur, wenn beispielsweise im Rahmen des Grünstromprivilegs Strom aus EE zum Verkauf an Endkunden als Ökostrom benötigt wird. In diesem Fall müssen Herkunftsnachweise oder Gütesiegel mit erworben werden.

Die Vermarktung von Strom aus EE wird meist nicht vom Anlagenbetreiber selbst durchgeführt. Bei der Förderung durch die Einspeisevergütung ist z. B. eine Vermarktung durch den ÜNB gesetzlich geregelt. Auch bei den beiden Arten der Direktvermarktung übernimmt in der Regel ein externes Unternehmen die Vermarktungsaufgabe, da die Vermarktung erst ab einem größeren Handelsvolumen wirtschaftlich durchführbar ist. Schätzungen gehen davon aus, dass aufgrund umfangreicher und komplexer Geschäftsprozesse mit hohen Fixkosten hierfür ein Mindestportfolio von 100 MW nötig ist.[1] Im ersten Jahr fallen beispielsweise allein für die Teilnahme am Börsenhandel knapp 50.000 € an Gebühren an.[2] Hinzu kommen Kosten für Personal, Prognosen oder IT-Systeme.

In diesem Unterkapitel werden zuerst die Auswirkungen der staatlichen Förderung von EE auf die Vermarktung von Strom aus EE beschrieben. Anschließend werden die Auswirkungen der Vermarktung auf die verschiedenen Segmente des Großhandelsmarktes beispielhaft für Windstrom dargestellt. Daraus resultiert eine

---

[1] Vgl. Schulte (2011, S. 23).

[2] Vgl. EPEX SPOT SE (2011c).

Dietmar R. Graeber, *Handel mit Strom aus erneuerbaren Energien*, essentials,
DOI 10.1007/978-3-658-05941-5_4, © Springer Fachmedien Wiesbaden 2014

große Bedeutung der Windleistungsprognose für die Vermarktungskosten. Diese Thematik folgt abschließend.

4.1 Vermarktung bei Einspeisevergütung und Marktprämienmodell

Die Vermarktung von Strom aus EE durch die ÜNBs ist durch das EEG, die AusglMechV und die Verordnung zur Ausführung der Verordnung zur Weiterentwicklung des bundesweiten Ausgleichsmechanismus, kurz Ausgleichsmechanismus-Ausführungsverordnung (AusglMechAV) geregelt. Vorgegeben werden hier beispielsweise die zu verwendenden Märkte. Zielsetzung der Regulierung ist vor allem eine risikolose und kostengünstige Vermarktung. Die AusglMechAV definiert hierzu auch einen Anreizmechanismus für die ÜNBs. Für die Vermarktung nach dem Marktprämienmodell gibt es keine gesetzliche Regulierung. Das Modell selbst legt aber beispielsweise eine ähnliche Vermarktung wie die für die ÜNB vorgegebene nahe.

4.1.1 Vermarktung durch den ÜNB

Jeder deutsche ÜNB verantwortet die Vermarktung des nach dem deutschlandweiten Ausgleichs bei ihm verbleibenden Anteils an der deutschlandweiten Erzeugung von Strom, der über Einspeisevergütungen gefördert wird. Nach der AusglMechAV kann die Vermarktung durch den ÜNB ausschließlich am Spotmarkt einer Strombörse durchgeführt werden.[3] Möglich ist folglich eine Vermarktung an der EXAA oder EPEX. Aktuell nutzen die vier deutschen ÜNB ausschließlich die EPEX.[4] Grund hierfür dürfte vor allem die deutlich höhere Liquidität an der EPEX und die Teilnahme der EPEX am Marktkopplungsmechanismus sein. Nach der AusglMechAV muss der gesamte Strom am Vortag verkauft werden. Die Gebotsabgabe an der EPEX ist durch die ÜNB somit grundsätzlich unlimitiert vorzunehmen. Wenn aufgrund von negativen Preisen der Aufruf der EPEX zu einer zweiten Auktion ergeht, ist jedoch eine Limitierung von Geboten zulässig.[5] Für Strom aus fluktuierenden Energieträgern wie Sonne oder Wind sind vom ÜNB zur Bestimmung der

[3] Vgl. § 1 Absatz 1 AusglMechAV.

[4] Die vier deutschen Mitglieder sind a.usschließlich bei der EPEX als Handelsteilnehmer gelistet.

[5] Vgl. § 8 AusglMechAV.

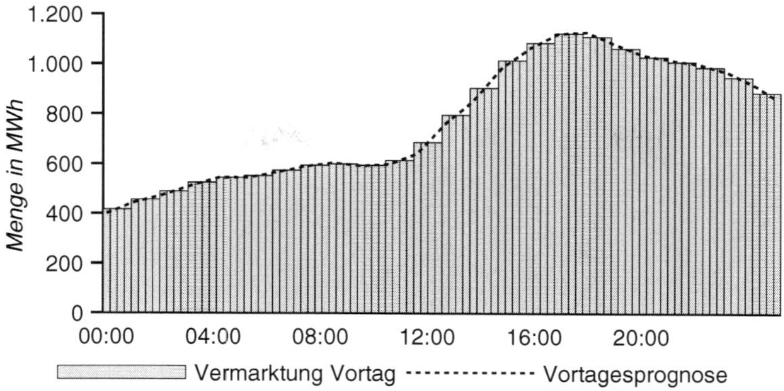

Abb. 4.1 Vortagesprognose und Vermarktung von Windenergie am 05.03.2011 (eigene Darstellung nach Graeber und Kleine 2013, Abb. 4)

Vermarktungsmengen Prognosen zu verwenden. Der maximale Prognosehorizont bei der Vermarktung beträgt bei einer Gebotsabgabe bis spätestens 12:00 Uhr des Vortags 36 h zuzüglich des Zeitbedarfs für die Datenaufbereitung und die Abgabe des Gebots. Abbildung 4.1 zeigt für den 5. März 2011 exemplarisch die Menge des durch die TransnetBW am Spotmarkt vermarkteten Windstroms.

Nach Beendigung des Spotmarkthandels ist ab 15:00 Uhr des Vortages Intradayhandel an der EPEX möglich. Dieser ist nach der AusglMechAV durch die ÜNB zu nutzen, um Differenzen zwischen den vermarkteten Mengen und aktuellen Intradayprognosen auszugleichen.[6] Hintergrund hierzu ist die steigende Prognosequalität mit abnehmendem Prognosehorizont. Im Gegensatz zur Vermarktung am Spotmarkt ist der Handel am Intradaymarkt ein dynamischer Prozess der 24 h am Tag, 365 Tage im Jahr stattfindet. Da laufend aktuellere Prognosen verfügbar sind, ist ein wiederkehrender Ausgleich von Prognosedifferenzen notwendig. Nach und nach verringern sich so die Abweichungen zwischen dem Vermarktungsstand und den zu erwartenden tatsächlichen Erzeugungsmengen. Hierbei kann es bei schwankenden Prognosen durchaus auch dazu kommen, dass zu unterschiedlichen Horizonten Mengen von einem bestimmten Stundenkontrakt gekauft und verkauft werden. Bei der Gebotsabgabe am Intradaymarkt sieht die AusglMechAV im Gegensatz zum Spotmarkhandel keine Einschränkungen vor, der ÜNB ist folglich frei in der Wahl der Limitierung. In Abb. 4.2 ist für den 5. März 2011 exemplarisch die Menge des durch die TransnetBW am Intraday gehandelten Windstroms dargestellt.

[6] Vgl. § 1 Absatz 2 AusglMechAV.

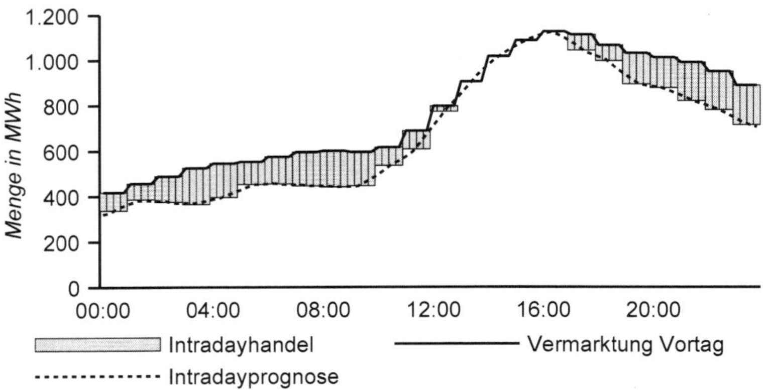

Abb. 4.2 Intradayprognose und Intradayhandel von Windenergie am 05.03.2011 (eigene Darstellung nach Graeber und Kleine 2013, Abb. 5)

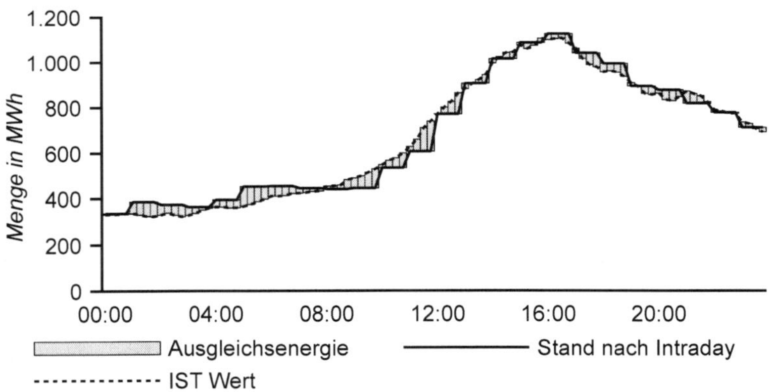

Abb. 4.3 Tatsächliche Erzugung (IST-Wert) und Ausgleichsenergiebedarf am 05.03.2011 (eigene Darstellung nach Graeber und Kleine 2013, Abb. 6)

Nach dem Handelsschluss des Intradaymarktes können Prognosedifferenzen durch einen ÜNB nicht mehr aktiv ausgeglichen werden. Für die verbleibenden Differenzen muss der ÜNB Ausgleichsenergie in Anspruch nehmen. Ziel des Intradayhandels ist es daher die Prognosefehler zum Handelsschluss zu minimieren. Abbildung 4.3 zeigt den Ausgleichsenergiebedarf für Windstrom der TransnetBW exemplarisch für den 5. März 2011.

4.1.2 Direktvermarktung nach dem Marktprämienmodell

Bei der Direktvermarktung nach dem Marktprämienmodell sind von den drei Komponenten Markterlöse, gleitende Marktprämie und Managementprämie nur die Markterlöse beeinflussbar. Die Höhe der Markterlöse hängt dabei von der gewählten Vermarktungsstrategie ab. Diese kann bei der Direktvermarktung nach dem Marktprämienmodell im Gegensatz zu der Vermarktung durch den ÜNB frei gestaltet werden. Lediglich die Vermarktung als Ökostrom ist nicht möglich, da der nach dem Marktprämienmodell geförderte Strom nach dem EEG seine Ökostromeigenschaft verliert. Dem Spotmarkt der EPEX kommt bei der Vermarktung dennoch eine besondere Rolle zu, da die Spotmarktpreise zur Berechnung der gleitenden Marktprämie herangezogen werden. Eine Vermarktung am Spotmarkt führt dazu, dass Markterlöse und gleitende Marktprämie ohne Berücksichtigung der Vermarktungskosten in Summe die Höhe der Einspeisevergütung ergeben.

Die Vermarktungskosten beim Marktprämienmodell sind vergleichbar mit den für die ÜNB beschriebenen und setzen sich vor allem aus den Kosten des operativen Betriebs und den Kosten des Ausgleichs von Prognosedifferenzen zusammen. Weitere Kosten können entstehen, wenn die Einspeisung der vermarkteten Anlagen gegenüber dem Durchschnitt aller Anlagen, die für die Berechnung des Referenzmarktwerts herangezogen werden, abweicht. Häufig ist dies der Fall, wenn sich Anlagen technisch oder durch den Standort stark von einer durchschnittlichen Anlage unterscheiden. In diesem Fall kann die Summe aus Markterlösen und gleitender Marktprämie unter der Höhe der Einspeisevergütung liegen.[7] Mit Hilfe von historischen Einspeisedaten sind diese Kosten gut im Vorhinein quantifizierbar. Gegenüber der Einspeisevergütung kann bei einer Durchführung der Direktvermarktung nach dem Marktprämienmodell am EPEX Spotmarkt folglich ein höherer Erlös erzielt werden, wenn die Vermarktungskosten geringer als die Managementprämie sind.

Eine Vermarktung außerhalb des Spotmarktes der EPEX ist beispielsweise am Terminmarkt oder OTC Spotmarkt möglich. Sinnvoll ist eine entsprechende Vermarktung nur in Erwartung höherer Preise auf diesen Märkten. Ein gegebenenfalls höherer Vermarktungserlös ist damit auf eine Preisdifferenz zwischen dem EPEX Spotmarkt und dem verwendeten Markt zurückzuführen. Bei entsprechender Marktkenntnis kann ein Erlös in gleicher Höhe jedoch auch ohne die Direktver-

[7] Der umgekehrte Fall ist jedoch auch möglich. Dann übersteigt die Summe aus gleitender Marktprämie und Markterlös die Einspeisevergütung.

marktung, z. B. durch ein Arbitragegeschäft[8] bei gleichem Risiko erzielt werden. Reduziert man folglich den Vermarktungserlös um das anderweitig realisierbare Arbitragegeschäft, besteht auch bei der Direktvermarktung nach dem Marktprämienmodell außerhalb des EPEX Spotmarktes der Mehrerlös ausschließlich aus der Differenz zwischen Vermarktungskosten und Managementprämie. Bei der Direktvermarktung nach dem Marktprämienmodell ist daher wie beim ÜNB die zentrale Zielsetzung, die Vermarktungskosten zu minimieren. Die zur Vermarktung verwendete Prognose spielt daher sowohl bei der Vermarktung durch den ÜNB als auch bei der Direktvermarktung nach dem Marktprämienmodell eine bedeutende Rolle.

4.2 Auswirkungen der Vermarktung auf den Großhandelsmarkt

Aufgrund der hohen installierten Kapazität hat die Vermarktung erneuerbarer Energien großen Einfluss auf die verschiedenen Segmente des Großhandelsmarkts. Die theoretische Maximalleistung aller Kraftwerke mit EE betrug im Jahr 2012 mit 79 GW bereits mehr als die durchschnittliche Stromnachfrage in Höhe von 67,8 GW.[9] Bei einem niedrigen Stromverbrauch und hoher Stromerzeugung aus EE ist es somit möglich, dass die EE die Nachfrage komplett decken oder sogar überschreiten. Im Gegensatz dazu kann die Stromerzeugung aus EE sich auch auf unter 10 GW reduzieren, wenn wetterbedingt nur Wasserkraftwerke und Biomasseanlagen Strom erzeugen. Diese starken Fluktuationen haben eine große Bedeutung für die Preisbildung. In diesem Zusammenhang wird häufig vom Merit-Order-Effekt gesprochen. Der Merit-Order-Effekt ist eine Verschiebung der Angebotskurve auf dem Strommarkt nach rechts aufgrund des Markteintritts von Kraftwerken mit sehr geringen Grenzkosten. In Abb. 4.4 ist dies durch eine Verschiebung der im Vergleich zu Abb. 2.6 vereinfachten Angebotskurve A_1 hin zu A_2 dargestellt. Die Verschiebung der Angebotskurve führt bei der konstanten Nachfragekurve N zu einer Verringerung des Preises P_1 hin zu P_2. Da EE Grenzkosten nahe Null besitzen, tritt der Merit-Order-Effekt häufig im Zusammenhang mit EE auf.

Der Merit-Order-Effekt wirkt sich über den Mechanismus der Einheitspreisauktion direkt auf den Spotmarkt aus. Der Einfluss des Stroms aus EE auf den In-

[8] Die Möglichkeit mit Arbitrage einen Gewinn zu erzielen, besteht meist nur kurzfristig. Langfristig gleichen sich Preise auf verschiedenen Märkten stets an. Vgl. z. B. Varian (2011, S. 225).

[9] Vgl. Abbildung 2.1. Bei einem Gesamtverbrauch von 594 TWh ergibt sich ein mittlerer Verbrauch von 67,8 GW.

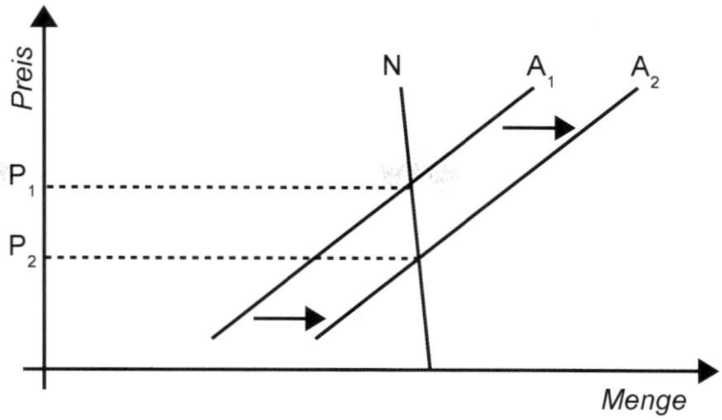

Abb. 4.4 Merit-Order-Effekt (eigene Darstellung nach Nicolosi; Fürsch 2009, S. 247)

tradaymarkt in Zusammenhang mit dem Ausgleich von Prognosedifferenzen kann ebenfalls mit dem Merit-Order-Effekt erklärt werden. Auch auf die Preise für Ausgleichsenergie haben EE Auswirkungen.

4.2.1 Auswirkungen auf den Spotmarkt

Seit Inkrafttreten der AusglMechV zum 1. Januar 2010 findet der Vortages-Handel von Strom aus EE zu einem großen Teil im deutschen Marktsegment des EPEX Spotmarktes statt. Dort sind die Auswirkungen der stark fluktuierenden Erzeugungsleistung damit gut zu beobachten. Die grundsätzlichen Wechselwirkungen zwischen Erzeugungsleistung und Markt gelten für alle Arten von EE, aufgrund der hohen installierten Kraftwerksleistung ist jedoch insbesondere der Einfluss der Windenergie von Bedeutung. Beispielsweise gibt es einen deutlichen Zusammenhang zwischen der Menge des in einer Stunde erzeugten Windstroms und dem für diese Stunde am Markt gehandelten Volumen. Von Juli 2010 bis Juni 2011 betrug der Korrelationskoeffizient zwischen beiden Größen 0,532.[10] Bereinigt man die Daten um die tageszeitlichen Schwankungen, indem man die Tagesmittelwerte in Beziehung zueinander setzt, ergibt sich, wie in Abb. 4.5 in der linken Grafik dargestellt, eine wesentlich stärkere Korrelation. Der Korrelationskoeffizient beträgt in diesem Fall 0,803 bzw. das Bestimmtheitsmaß R^2 einer linearen Regression 0,645. In den Monaten November und Dezember 2010 betrug der Korrelationskoeffizient zwischen tagesmittlerem Handelsvolumen und Windstromerzeugung sogar 0,930.[11]

[10] Eigene Berechnung. Die verwendeten Daten wurden von der TransnetBW GmbH zur Verfügung gestellt.

[11] Vgl. Drescher (2011, S. 9).

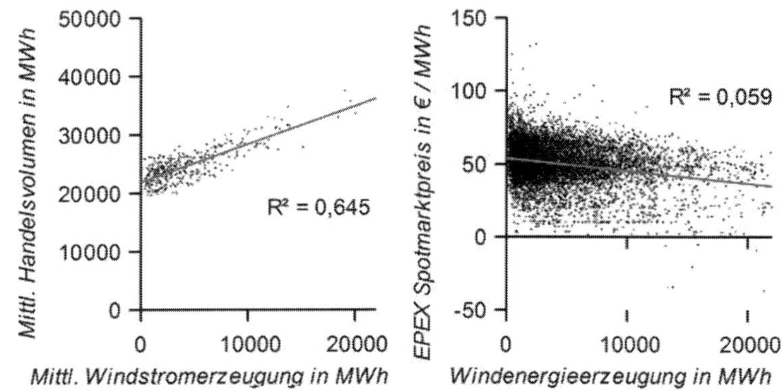

Abb. 4.5 Einfluss der Windenergieerzeugung auf den Spotmarkt (eigene Darstellung mit Daten der TransnetBW GmbH)

Den Zusammenhang zwischen Windstromerzeugung und Gleichgewichtspreis des EPEX Spotmarktes zeigt die rechte Grafik in Abb. 4.5 für den Zeitraum vom Juli 2010 bis Juni 2011. Es ist erkennbar, dass der Einfluss der Windstromerzeugung auf den Spotmarktpreis schwächer ist als auf das Handelsvolumen. So beträgt der Korrelationskoeffizient zwischen Windenergieerzeugung und Spotmarktpreis nur 0,243. Auch die Betrachtung von mittleren Tageswerten bringt hierbei keine wesentliche Änderung. Grund für den geringen direkten Zusammenhang ist, dass die Windenergieerzeugung nur einer von vielen Faktoren ist, die den Marktpreis beeinflussen. Auffällig ist jedoch, dass Preise über 100 €/MWh nur bei einer Windenergieerzeugung unter 2.000 MWh und negative Preise nur bei einer Erzeugung über 12.500 MWh vorkommen.

Eine Möglichkeit, den Merit-Order-Effekt deutlicher sichtbar zu machen, ist der Vergleich des Marktwerts von Windstrom mit dem durchschnittlichen Marktpreis.[12] Betrachtet man die durchschnittliche, stündliche Erzeugung von Strom aus Windenergie, ergibt sich über einen längeren Zeitraum ein über den Tag fast konstantes Profil. Der Marktwert dieses Profils entspricht fast exakt dem durchschnittlichen Marktpreis.[13] Der tatsächliche Marktwert des jeweils stündlich erzeugten Windstroms liegt jedoch deutlich unter dem durchschnittlichen Spotmarktpreis,

[12] Vgl. beispielsweise Sensfuß und Ragwitz (2011, S. 3 f.).

[13] Im Zeitraum vom 1.7.2010 bis zum 30.6.2011 betrug der durchschnittliche Spotmarktpreis 50,16 €/MWh. Der Marktwert der durchschnittlichen Windenergieerzeugung betrug 50,11 €/MWh.

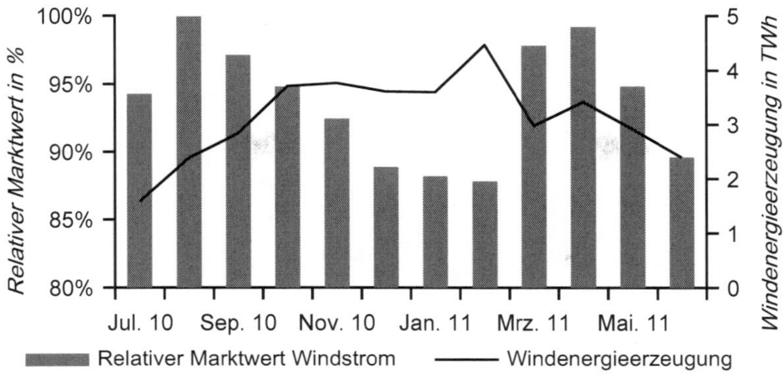

Abb. 4.6 Wertigkeit von Windstrom (eigene Darstellung mit Daten der TransnetBW GmbH)

da der Merit-Order-Effekt zu Zeiten hoher Windstromerzeugung den Preis absenkt. Abbildung 4.6 zeigt den Wert der Windstromerzeugung relativ zum durchschnittlichen Spotmarktpreis für die Monate Juli 2010 bis Juni 2011. Vor allem in den windstarken Wintermonaten lässt sich ein deutlich verringerter Marktwert des Windstroms erkennen. Im Februar beträgt dieser beispielsweise nur knapp 88 % des durchschnittlichen Spotmarktpreises.[14]

4.2.2 Auswirkungen auf den Intradaymarkt

Auf den Intradaymarkt hat die Stromerzeugung aus EE hauptsächlich wegen des Ausgleichs von Prognosedifferenzen Einfluss. Wie auf dem Spotmarkt kann man diesen Einfluss sowohl hinsichtlich des Handelsvolumens, als auch hinsichtlich der Preise erkennen. In Abb. 4.7 ist der Zusammenhang zwischen dem tagesmittleren Handelsvolumen am Intradaymarkt und der tagesmittleren Windstromerzeugung für den Zeitraum von Juli 2010 bis Juni 2011 dargestellt. Es ist deutlich sichtbar, dass mit steigender Windstromerzeugung das Handelsvolumen zunimmt. Dies liegt daran, dass die Wahrscheinlichkeit für einen großen Prognosefehler und für entsprechend große Ausgleichsgeschäfte mit der Höhe der Einspeisung steigt. Der Korrelationskoeffizient zwischen beiden Größen beträgt 0,626 und ist damit etwas geringer als beim Spotmarkt.

[14] Vgl. zum Einfluss der Windstromerzeugung auf den Spotmarkt auch Neubarth u. a. (2006, S. 42 ff.).

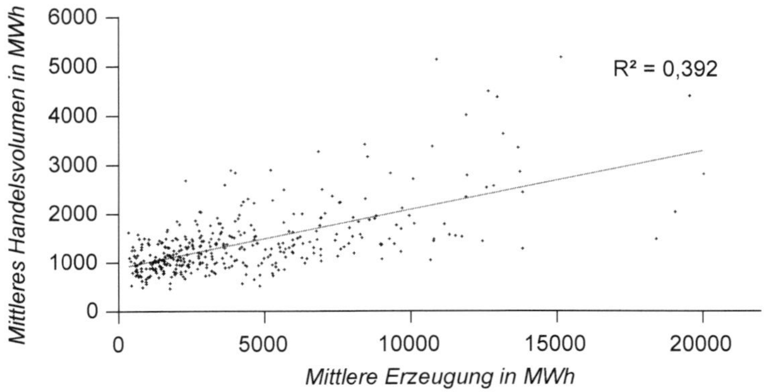

Abb. 4.7 Zusammenhang zwischen Windstromerzeugung und Intraday Handelsvolumen (eigene Darstellung mit Daten der TransnetBW GmbH)

Wie auf dem Spotmarkt ist auch auf dem Intradaymarkt der Einfluss der Windstromerzeugung auf den Preis nur schwach ausgeprägt. Deutlicher sichtbar ist hingegen der Zusammenhang zwischen den zum Ausgleich von Prognosedifferenzen gehandelten Mengen und dem Intradaymarktpreis. Hierzu eignet sich eine Betrachtung des Preisspreads zwischen dem Spotmarkt- und Intradaymarktpreis. In Abb. 4.8 sind hierzu die Handelsmengen der TransnetBW zum Ausgleich von Prognosedifferenzen beim Handel mit Windstrom und der Preisspread zwischen Spotmarktpreis und dem mittleren Preis auf dem Intradaymarkt auf Stundenbasis am Beispiel des 5. März 2011 dargestellt. In der Abbildung ist deutlich erkennbar, dass bei einem Kauf von Strom am Intradaymarkt durchschnittlich ein Preis bezahlt wurde, der über dem Spotmarktpreis liegt. Mit zunehmender Kaufmenge ist ein Anstieg des Preisspreads zu beobachten.

Bei der Betrachtung der Handelsmengen zum Ausgleich von Prognosedifferenzen und dem Preisspread kann man einen linearen Zusammenhang zwischen beiden Größen erkennen. Abbildung 4.9 zeigt diesen Zusammenhang für den Zeitraum vom Mai 2010 bis April 2011[15] anhand von Daten der TransnetBW. Der ausgewertete Datensatz enthält für den genannten Zeitraum für jede Stunde, in der Transaktionen zum Ausgleich von Prognosedifferenzen von Windstrom durchge-

[15] Der zu den bisherigen Betrachtungen abweichende Zeitraum resultiert aus einem Strukturbruch in den Daten im Mai 2011, da ab diesem Zeitpunkt bei der TransnetBW auch Fehler der Photovoltaikleistungsprognose mit am Intradaymarkt ausgeglichen wurden. Eine Trennung der Handelsgeschäfte hinsichtlich des Energieträgers ist dabei nicht ohne weiteres möglich.

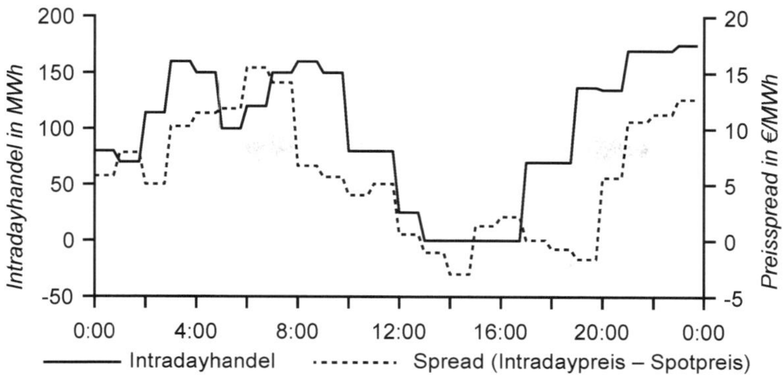

Abb. 4.8 Einfluss von Handelstätigkeiten auf den Preis im Intradaymarkt am 05.03.2011 (eigene Darstellung nach Graeber und Kleine 2013, Abb. 7)

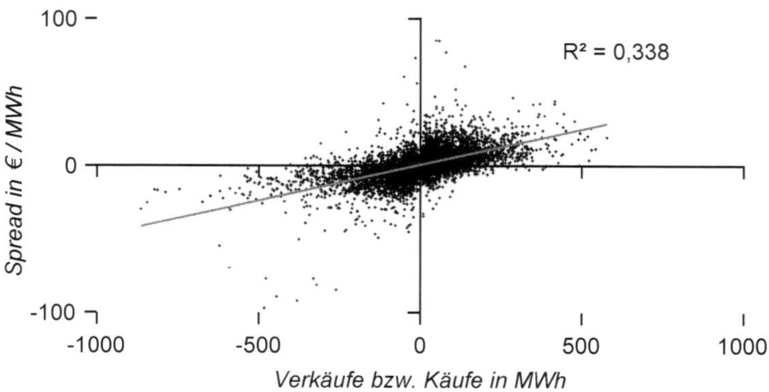

Abb. 4.9 Zusammenhang zwischen Prognosedifferenz und Preisspread (eigene Darstellung nach Graeber und Kleine 2013, Abb. 8)

führt wurden, jeweils die Summe der Käufe und Verkäufe und den dazugehörigen mittleren Preis. Bei einer linearen Regression mit einer Steigung von 0,049 ergibt sich ein Bestimmtheitsmaß von 0,338 was einem Korrelationskoeffizient von 0,581 entspricht.

Wie der Einfluss des Stroms aus EE auf den Spotmarktpreis so lässt sich auch der dargestellte Zusammenhang durch den Merit-Order-Effekt erklären. Verringert sich die Intradayprognose gegenüber der Vortagesprognose, führt dies zu einer Verschiebung der Merit-Order-Kurve nach links, im umgekehrten Fall nach rechts. Da die Merit-Order-Kurve auf dem Intradaymarkt meist steiler ist, als auf dem Spotmarkt ist der Merit-Order-Effekt auf dem Intradaymarkt jedoch stärker ausgeprägt. Auch der Handelszeitpunkt kann sich auf die Stärke des Merit-Order-Effekts auswirken, da sich die Steigung der Merit-Order-Kurve mit abnehmendem Horizont bis zum Erzeugungszeitpunkt vergrößert.

4.2.3 Auswirkungen auf die Ausgleichsenergiepreise

Wie im Intradaymarkt ist auch beim Bedarf an Ausgleichsenergie ein Einfluss von Prognosedifferenzen erkennbar. Für die Differenz zwischen dem letzten Vermarktungsstand nach dem Intradayhandel und der tatsächlichen Erzeugung von Strom aus EE wird zwangsweise Ausgleichsenergie eingesetzt. Da der Ausgleich von Prognosedifferenzen für den Bedarf an Ausgleichsenergie allerdings nur ein Faktor von vielen ist, sind die Auswirkungen schlecht erkennbar. Bei Betrachtung von tagesmittlerer Windstromerzeugung und dem tagesmittleren Ausgleichsenergiebedarf ergibt sich nur ein Zusammenhang mit einem Korrelationskoeffizient von 0,214. Allerdings kann man in der linken Grafik in Abb. 4.10 erkennen, dass ein sehr niedriges Regelenergievolumen nur bei sehr niedriger Windenergieerzeugung vorkommt.

Auch der Einfluss der Prognosedifferenzen auf die Preise der Ausgleichsenergie ist nur schwer sichtbar. Die preisabhängige Einsatzreihenfolge der Regelenergiekraftwerke ist grundsätzlich vergleichbar mit der Merit-Order-Kurve im Spot- und Intradaymarkt. Wie in der rechten Grafik in Abb. 4.10 dargestellt, ist allerdings kein signifikanter Zusammenhang zwischen dem Bedarf an Ausgleichsenergie zum Ausgleich von Prognosedifferenzen und dem Spread zwischen Spotmarktpreis und Ausgleichsenergiepreis erkennbar. Für den Zeitraum vom Mai 2010 bis April 2011 ergibt die Auswertung der Daten der TransnetBW bei einer linearen Regression mit einer Steigung von 0,162 nur einen Korrelationskoeffizient von 0,195. Die Steigung der Regressionsgeraden ist damit allerdings gut dreimal so hoch wie die im Intradaymarkt. Dies kann mit einem im Vergleich zur Merit-Order-Kurve im Intradaymarkt stärkeren Anstieg der Preise in der Einsatzreihenfolge der Regelenergiekraftwerke erklärt werden.

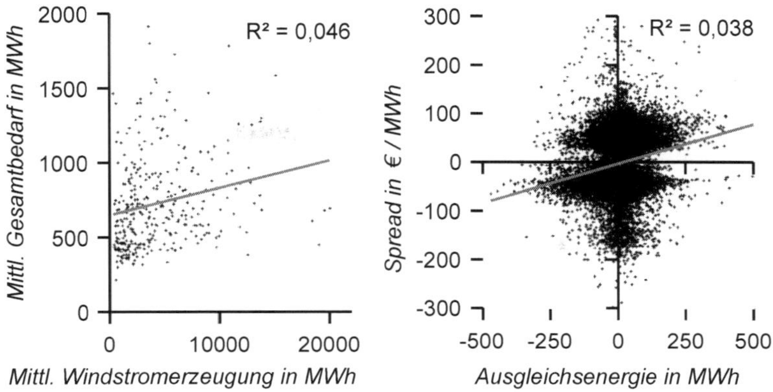

Abb. 4.10 Zusammenhang zwischen Windstromerzeugung und gesamtem Ausgleichsenergiebedarf sowie Zusammenhang zwischen Ausgleichsenergiebedarf und Preis (eigene Darstellung mit Daten der TransnetBW GmbH)

4.3 Bedeutung von Prognosen für die Vermarktungserlöse

Beim Marktprämienmodell und bei der Vermarktung durch den ÜNB ist die zur Vermarktung verwendete Prognose der maßgebliche Einflussfaktor auf die Vermarktungserlöse. Bei den drei Mechanismen spielen dabei jeweils die gleichen Effekte eine Rolle. Am Spotmarkt hat die Vortagesprognose, auf deren Grundlage die Vermarktung durchgeführt wird, direkten Einfluss auf den Marktwert. Indirekt wirkt sich die Prognosequalität auf die Erlöse aus, da Prognosefehler im Intradayhandel und bei der Ausgleichsenergie zu hohen Kosten führen können.

Der durchschnittliche Marktwert von Windstrom am Spotmarkt relativ zum durchschnittlichen Marktpreis auf Grundlage verschiedener Vortagesprognosen für die deutschlandweite Erzeugung wird in Abb. 4.11 für die Monate Juli 2010 bis Juni 2011 dargestellt. Unterstellt wurde hierzu jeweils der Verkauf der gesamten deutschen Windstromerzeugung zu den historischen Marktpreisen auf Grundlage der Prognosen. Die monatlichen Durchschnittserlöse unterscheiden sich dabei deutlich. Auch im Jahresmittel gibt es Unterschiede. So weicht beispielsweise der Marktwert auf Grundlage von Prognose 2 mit 94,58 % signifikant von den beiden anderen Prognosen mit 93,59 % bzw. 93,61 % ab.

Die Hälfte der Differenz zwischen Prognose 2 und Prognose 1 bzw. Prognose 3 hängt mit Unterschieden im durchschnittlichen Einspeiseprofil zusammen. So ist bei Prognose 2 die prognostizierte Einspeisung um die Mittagszeit – und somit zu einer Hochpreisphase – im Vergleich zu den anderen Prognosen höher. Die andere

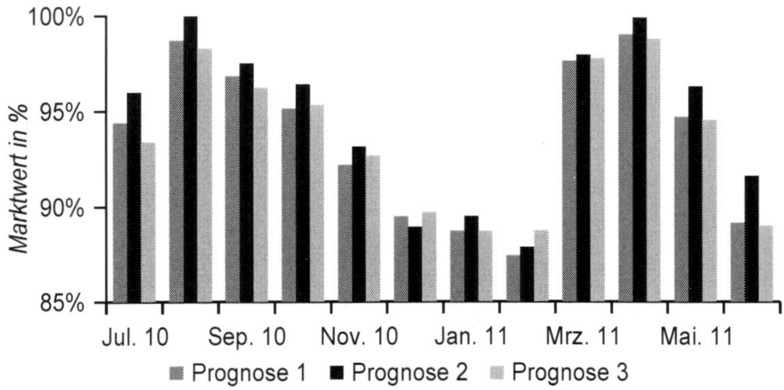

Abb. 4.11 Marktwert von Strom auf Basis verschiedener Prognosen (eigene Darstellung mit Daten der TransnetBW GmbH)

Hälfte der Differenz kann mit einem geringeren Einfluss von Prognose 2 auf den Spotmarktpreis erklärt werden. Prognose 2, die von einem ausländischen Unternehmen stammt, wird nicht in gleichem Umfang zur Vermarktung eingesetzt wie die beiden übrigen Prognosen, die von etablierten deutschen Unternehmen angeboten werden.[16] Durch die Wahl der zur Vermarktung verwendeten Prognose kann somit Einfluss auf die Höhe der Erlöse am Vortagesmarkt genommen werden. Dies gilt, wie für die Windstromvermarktung, grundsätzlich auch für die Vermarktung von Strom aus anderen EE. Auch die im Weiteren am Beispiel von Windstrom vorgestellten Zusammenhänge sind auf andere Arten von EE übertragbar.

Bei der Wahl einer Prognose sind für eine gesamthafte Betrachtung auch die Kosten, die durch den Ausgleich von Prognosefehlern am Intradaymarkt entstehen, von Bedeutung. Diese werden durch die Korrelation zwischen dem Transaktionsvolumen zum Ausgleich von Prognosedifferenzen und den Intradaypreisen verursacht. Als Kosten wird dabei das Produkt aus den zum Ausgleich gehandelten Mengen und der Preisdifferenz zwischen Spotmarkt und Intradaymarkt betrachtet.[17] Die durchschnittlichen Kosten für den Ausgleich von Prognosedifferenzen bei der Windstromvermarktung im Zeitraum von Mai 2010 bis April 2011 betrugen bei der TransnetBW pro MWh 8,05 €. In Abb. 4.12 ist der Zusammenhang zwischen den Kosten und dem Transaktionsvolumen dargestellt. Deutlich lässt sich erkennen, dass die Kosten mit zunehmender absoluter Größe des Prognosefehlers ansteigen. Es ergibt sich aufgrund des linearen Zusammenhangs zwischen Progno-

[16] Quelle: Anbieter der Prognosesysteme.

[17] Hierbei werden die Spotmarktpreise vereinfachend als exogene Größe angesehen.

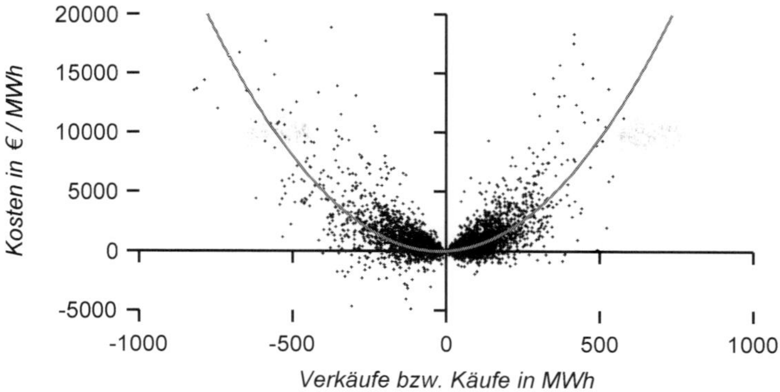

Abb. 4.12 Zusammenhang zwischen Prognosedifferenzen und Kosten (eigene Darstellung nach Graeber und Kleine 2013, Abb. 8)

sedifferenz und Preisspread ein quadratischer Zusammenhang zwischen Prognosedifferenz und Kosten.

Ebenso wie beim Spotmarkthandel gibt es Unterschiede bei den Kosten, je nachdem welches Prognosesystem verwendet wird. Eine Abschätzung dieser Kosten ist mit Hilfe der Differenz zwischen den drei Vortagesprognosen und der tatsächlichen Erzeugung multipliziert mit der Preisdifferenz zwischen dem veröffentlichten mittleren Intradaypreis und dem Spotmarktpreis möglich. Wiederum unterscheidet sich der Wert bei Prognose 3 mit 3,91 €/MWh deutlich von den Werten von Prognose 1 mit 5,15 €/MWh und Prognose 2 mit 5,72 €/MWh. Erklärbar ist die Differenz ebenfalls durch die unterschiedliche Nutzung der Prognosen bei der Vermarktung. Allerdings unterscheiden sich auch die Mengen, die zum Ausgleich notwendig sind. Prognose 3 verursacht hier einen deutlich höheren Wert als die beiden anderen Prognosen.

Da die Liquidität am Intradaymarkt oft gering ist und sich zudem mit abnehmendem Horizont vor der Lieferung verringert, können große Transaktionen kurz vor Handelsschluss sehr teuer werden. Es ist daher sinnvoll, die Prognosedifferenzen möglichst frühzeitig am Intradaymarkt auszugleichen. Wird für den Intradayhandel eine Prognose verwendet, die hinsichtlich des Prognosehorizonts stark schwankt, kann dies jedoch zu einem hohen Handelsvolumen führen, da dann für die gleiche Stunde zu unterschiedlichen Zeitpunkten Strom sowohl gekauft als auch verkauft werden muss. Verbunden mit der niedrigen Liquidität des Intradaymarktes kann dies zu hohen Transaktionskosten führen.[18] Für geringe Ver-

[18] Vgl. zum Zusammenhang zwischen Liquidität und Transaktionskosten Weber (2010, S. 3156).

marktungskosten ist daher ein gleichförmiger Verlauf der Prognose hinsichtlich des Prognosehorizonts wünschenswert.

Nach dem Handelsschluss am Intradaymarkt ist kein weiterer aktiver Ausgleich von Prognosedifferenzen mehr möglich. Differenzen zwischen der nach dem Intradayhandel vermarkteten Menge und der tatsächlichen Erzeugung werden daher mit Ausgleichsenergie ausgeglichen. Da der Bedarf an Ausgleichsenergie zum Ausgleich dieser Differenzen Einfluss auf die Ausgleichsenergiepreise hat, entstehen hierbei ebenfalls Kosten. Auch wenn der Zusammenhang zwischen Prognosedifferenzen und Preisen bei der Ausgleichsenergie deutlich schwächer ist als im Intradaymarkt, steigen auch hier die Kosten pro MWh mit zunehmend großen Prognosedifferenzen. Es kann ebenfalls von einem quadratischen Zusammenhang ausgegangen werden. Zieht man die unterschiedlichen Steigungen der Regressionsgeraden heran, führt der Ausgleich von Prognosedifferenzen gleicher Höhe mit Ausgleichsenergie zu gut dreifachen Kosten wie auf dem Intradaymarkt. Auch die tatsächlichen Kosten im Zeitraum vom Mai 2010 bis April 2011 lagen bei der TransnetBW mit 15,39 € pro MWh deutlich höher als auf dem Intradaymarkt.

Bei der Wahl der zur Vermarktung eingesetzten Prognose sind, wie beschrieben, verschiedene Punkte zu beachten, um einen möglichst hohen Erlös zu erzielen. Die Prognosequalität hat aufgrund des starken Einflusses der zum Ausgleich von Differenzen benötigten Mengen auf den Preis am Intradaymarkt und den Ausgleichsenergiepreis eine sehr große Bedeutung. Wichtig ist hierbei sowohl eine geringe Abweichung gegenüber der tatsächlichen Erzeugung als auch geringe Abweichungen zwischen den einzelnen Prognosen mit unterschiedlichem Prognosehorizont. Daneben spielt auch eine Rolle, wie stark sich die verwendete Prognose von der anderer Marktteilnehmer unterscheidet. Die Entwicklung eines eigenen Verfahrens oder die individuelle Kombination bestehender Verfahren kann sich hierbei positiv auf die Vermarktungskosten auswirken.

5 Fazit und Ausblick

Ziel dieser Veröffentlichung war es, die wesentlichen Elemente des Handels mit Strom aus EE in kompakter Form darzustellen. Dieser folgt grundsätzlich den gleichen Regeln wie der Handel mit konventionellem Strom. Daher wurde zunächst ein Überblick über den deutschen Strommarkt mit seiner Marktorganisation, den verschiedenen Marktsegmenten und den Grundlagen der Preisbildungsmechanismen gegeben. Daran schloss sich ein Überblick über die wesentlichen Fördermechanismen im EEG 2012 an. Abschließend wurde aufgezeigt, wie unter den dargestellten Bedingungen die Vermarktung von Strom aus EE am Großmarkt erfolgen kann. Dies beinhaltete sowohl eine Differenzierung von Vermarktungsstrategien anhand des zugrundeliegenden Fördermechanismus, als auch eine Erläuterung der hohen Bedeutung der Prognose für die Kosten des Handels mit Strom aus EE.

Im Moment befindet sich die gesetzliche Förderung von Strom aus EE in einem laufenden Veränderungsprozess. Insbesondere das EEG erfuhr in den vergangenen Jahren verschiedene Anpassungen. Wesentliche Elemente wie z. B. die Fördermechanismen sind davon direkt abhängig. Es kann daher davon ausgegangen werden, dass sich diese Elemente des Handels mit Strom aus EE zukünftig immer wieder ändern werden. Viele grundsätzliche Erkenntnisse dieser Veröffentlichung sind jedoch nur wenig von gesetzlichen Regelungen abhängig. Ein Beispiel hierfür ist z. B. die große Bedeutung der Prognosegenauigkeit. Auch die Thematik der Volatilität von Prognosen und die Auswirkungen der Marktdurchdringung eines Prognosesystems hängen von fundamentalen Faktoren ab und werden auch zukünftig beim Handel mit Strom aus EE stets von großer Bedeutung sein.

Dietmar R. Graeber, *Handel mit Strom aus erneuerbaren Energien*, essentials,
DOI 10.1007/978-3-658-05941-5_5, © Springer Fachmedien Wiesbaden 2014

Was Sie aus diesem Essential mitnehmen können

- Aufgrund der Immaterialität des Gutes Stroms ist eine besondere Marktorganisation auf dem deutschen Strommarkt notwendig, welche von den deutschen Übertragungsnetzbetreibern verantwortet wird.
- Die Preisbildung auf dem deutschen Strommarkt ist wettbewerblich gestaltet, in verschiedene Segmente gegliedert und basiert auf dem Merit Order Prinzip.
- Drei wesentliche Fördermodelle für erneuerbare Energien lassen sich unterscheiden: die Einspeisevergütung, das Marktprämienmodell und das Grünstromprivileg.
- Je nach Fördermodell herrschen beim Handel mit Strom aus erneuerbaren Energien unterschiedliche Rahmenbedingungen, welche unterschiedliche Handelsstrategien erfordern.
- Die Prognose der Stromerzeugungsleistung hat wesentlichen Einfluss auf die Kosten des Handels mit Strom aus erneuerbaren Energien. Neben einem möglichst kleinen Prognosefehler sind dabei auch die Volatilität und die Marktdurchdringung des Prognosemodells von Bedeutung.

Dietmar R. Graeber, *Handel mit Strom aus erneuerbaren Energien*, essentials,
DOI 10.1007/978-3-658-05941-5, © Springer Fachmedien Wiesbaden 2014

Literatur

50hertz u. a. (2013). Netzentwicklungsplan Strom 2012. http://www.netzentwicklungsplan.de/. Zugegriffen: 16. Feb. 2013.

AG Energiebilanzen. (2012). Bruttostromerzeugung in Deutschland. http://ag-energiebilanzen.de. Zugegriffen: 18. Jan. 2013.

Andor, M., u. a. (2010). Negative Strompreise und der Vorrang Erneuerbarer Energien. *Zeitschrift für Energiewirtschaft, 34*(2), 91–99.

Berchem, A. (2006). Ökostrom: Das unterschätzte Gesetz. *Die Zeit,* 25. September 2006. http://www.zeit.de/online/2006/39/EEG/komplettansicht. Zugegriffen: 23. Nov. 2011.

Borchert, J., Schemm, R., & Korth, S. (2006). *Stromhandel : Institutionen, Marktmodelle, Pricing und Risikomanagement.* Stuttgart: Schäffer-Poeschel.

Bruns, E., u. a. (2010). *Renewable energies in Germany's electricity market: A biography of the innovation process.* Dordrecht: Springer.

Bundesministerium für Umwelt, Naturschutz und Reaktorsicherheit. (2011a). Erneuerbare Energien 2010. http://www.erneuerbare-energien.de/files/pdfs/allgemein/application/pdf/ee_in_zahlen_2010_bf.pdf. Zugegriffen: 16. Sept. 2011.

Bundesministerium für Umwelt, Naturschutz und Reaktorsicherheit. (2011b). Vergütungssätze, Degression und Berechnungsbeispiele nach dem neuen Erneuerbare-Energien-Gesetz (EEG) vom 04. August 2011 (‚EEG 2012'). http://www.erneuerbare-energien.de/files/pdfs/allgemein/application/pdf/eeg_2012_verguetungsdegression_bf.pdf. Zugegriffen: 26. Nov. 2011.

Bundesministerium für Wirtschaft und Technologie. (2012). Energiedaten. http://www.bmwi.de/DE/Themen/Energie/Energiedaten/gesamtausgabe.html. Zugegriffen: 18. Jan. 2013.

Bundesnetzagentur. (2011). Beschluss wegen der Festlegung zur Vereinheitlichung der Bilanzkreisverträge. http://www.bundesnetzagentur.de/cln_1912/DE/DieBundesnetzagentur/Beschlusskammern/1BK-Geschaeftszeichen-Datenbank/BK6/2006/2006_001bis100/BK6-06-013/BK6-06-013_Beschluss.html?nn=54756. Zugegriffen: 21. Nov. 2011.

Bundesnetzagentur. (2013). EEG-Vergütungssätze für Photovoltaikanlagen. http://www.bundesnetzagentur.de/DE/Sachgebiete/ElektrizitaetGas/ErneuerbareEnergienGesetz/VerguetungssaetzePVAnlagen/VerguetungssaetzePhotovoltaik_node.html. Zugegriffen: 18. Jan. 2013.

Busch, R. (2011). *Elektrotechnik und Elektronik: für Maschinenbauer und Verfahrenstechniker* (6. Aufl.). Wiesbaden: Vieweg + Teubner.

Dietmar R. Graeber, *Handel mit Strom aus erneuerbaren Energien,* essentials,
DOI 10.1007/978-3-658-05941-5, © Springer Fachmedien Wiesbaden 2014

CONSENTEC Consulting für Energiewirtschaft und -technik GmbH; r2b energy consulting GmbH, & Forschungsgemeinschaft für Elektrische Anlagen und Stromwirtschaft (FGH) e. V. (2011). Optimierung und Umstrukturierung der EEG-Förderung zur verbesserten Netz- und Marktintegration Erneuerbarer Energien. http://www.bmwi.de/DE/Mediathek/publikationen,did=457824.html?view=renderPrint. Zugegriffen: 12. Sept. 2011.

Drescher, T. (2011). Eineinhalb Jahre EEG-Strom an der Börse. Eineinhalb Jahre EEG Strom an der Börse, Konferenzunterlagen. Berlin. http://www.bundesnetzagentur.de/SharedDocs/Downloads/DE/BNetzA/Sachgebiete/Energie/VortraegeVeranstaltungen/EEGStromAnDerBoerse/DrescherEPEXSPOTpdf.pdf?__blob=publicationFile. Zugegriffen: 21. Dez. 2011.

Ellersdorfer, I., u. a. (2008). Preisbildungsanalyse des deutschen Elektrizitätsmarktes. http://www.ier.uni-stuttgart.de/publikationen/pb_pdf/Ellersdorfer_Preisbildungsanalyse.pdf. Zugegriffen: 16. Dez. 2011.

Energy Exchange Austria EXAA: Energy Exchange Austria. http://www.exaa.at/static/cms/sites/exaa.at/media/downloads/EXAA_Folder_Power_2011.pdf. Zugegriffen: 11. Nov. 2011.

EPEX SPOT SE. (2011a). EPEX SPOT Handelsbedingungen. http://www.epexspot.com/de/extras/download-center. Zugegriffen: 17. Nov. 2011.

EPEX SPOT SE. (2011b). EPEX SPOT Präsentation Marktkopplung. http://www.epexspot.com/de/Marktkopplung. Zugegriffen: 15. Nov. 2011.

EPEX SPOT SE. (2011c). EPEX SPOT Price List. http://static.epexspot.com/document/11454/Price_List2011.pdf. Zugegriffen: 2. Dez. 2011.

EPEX SPOT SE. (2011d). Pressemitteilung EPEX SPOT SE vom 12. Januar 2011. https://www.epexspot.com/document/11969/2011-01-12_EPEX_ANNUAL%20PR_EN-D-FR.pdf. Zugegriffen: 15. Nov. 2011.

European Energy Exchange AG. (2011a). Der EEX-Terminmarkt für Strom. http://www.eex.com/de/document/89846/Strom_Termin_deutsch.pdf. Zugegriffen: 10. Nov. 2011.

European Energy Exchange AG. (2011b). EEX Unternehmensbroschüre: Connecting Markets. http://www.eex.com/de/document/96003/EEX_Produkte_Unternehmen_D_08_2011.pdf. Zugegriffen: 10. Nov. 2011.

Flinkerbusch, K. (2011). Der Markt für Sekundärregelenergie – Eine Bewertung des Regelenergieeinsatzes im Rahmen des Netzregelverbundes. *Zeitschrift für Energiewirtschaft, 35*, 173–181.

Genoese, M. (2010). *Energiewirtschaftliche Analysen des deutschen Strommarkts mit agentenbasierter Simulation*. Baden-Baden: Nomos.

Graeber, D., & Kleine, A. (2013). The combination of forecasts in the trading of electricity from renewable energy sources. *Journal of Business Economics*, (zur Veröffentlichung angenommen).

Grimm, V., Ockenfels, A., & Zoettl, G. (2008). Strommarktdesign: Zur Ausgestaltung der Auktionsregeln an der EEX. *Zeitschrift für Energiewirtschaft, 32*(3), 147–161.

Horstmann, K.-P., & Cieslarczyk, M. (2006). *Energiehandel: Ein Praxishandbuch*. Köln: Carl Heymanns.

IWES. (2013). Windmonitor. IWES. http://windmonitor.de/. Zugegriffen:18. Jan. 2013.

Jarass, L., Obermair, G. M., & Voigt, W. (2009). *Windenergie: Zuverlässige Integration in die Energieversorgung* (2. Aufl.). Berlin: Springer.

Konstantin, P. (2006). *Praxisbuch Energiewirtschaft. Energieumwandlung, -transport und -beschaffung im liberalisierten Markt*. Berlin: Springer.

Meeus, L., u. a. (2009). Market coupling and the importance of price coordination between power exchanges. *Energy, 34*(3), 228–234.

Neubarth, J., u. a. (2006). Beeinflussung der Spotmarktpreise durch Windstromerzeugung. *Energiewirtschaftliche Tagesfragen, 56*(7), 42–45.

Nicolosi, M., & Fürsch, M. (2009). The Impact of an increasing share of RES-E on the Conventional Power Market – The Example of Germany. *Zeitschrift für Energiewirtschaft, 33*(3), 246–254.

OECD. (2010). *Die OECD in Zahlen und Fakten 2010: Wirtschaft, Umwelt, Gesellschaft*. Paris: OECD Publishing.

Pfaffenberger, W., Ströbele, W., & Heuterkes, M. (2012). *Energiewirtschaft: Einführung in Theorie und Politik* (3. Aufl.). München: Oldenbourg.

Quaschning, V. (2011). *Regenerative Energiesysteme: Technologie – Berechnung – Simulation* (7. Aufl.). München: Hanser.

Schiffer, H.-W. (2010). *Energiemarkt Deutschland* (11. Aufl.). Köln: Tüv Media.

Schulte, A. (2011, September). Prämie ohne Markt. *Erneuerbare Energien*, 22–25.

Sensfuß, F., & Ragwitz, M. (2011). *Weiterentwickeltes Fördersystem für die Vermarktung von erneuerbarer Stromerzeugung. Tagungsband zur 7. Internationalen Energiewirtschaftstagung an der TU Wien*. Wien.

Swider, D. J. (2006). *Handel an Regelenergie- und Spotmärkten. Methoden zur Entscheidungsunterstützung für Netz- und Kraftwerksbetreiber*. Wiesbaden: Deutscher Universitäts-Verlag.

TransnetBW. (2013). TransnetBW GmbH | Downloads & Informationen. http://transnetbw.de/downloads-and-informationen/. Zugegriffen: 16. Feb. 2013.

Varian, H. R. (2011). *Grundzüge der Mikroökonomik* (8. Aufl.). München: Oldenbourg.

Weber, A., Graeber, D., & Semmig, A. (2010). Market Coupling and the CWE Project. *Zeitschrift für Energiewirtschaft, 34*(4), 303–309.

Weber, C. (2010). Adequate intraday market design to enable the integration of wind energy into the European power systems. *Energy Policy, 38*(7), 3155–3163.

Wissel, S., u. a. (2008). Stromerzeugungskosten im Vergleich. http://www.ier.uni-stuttgart.de/publikationen/arbeitsberichte/Arbeitsbericht_04.pdf. Zugegriffen: 23. Nov. 2011.

Zylka, W.-S. (2010). *Marktaufsicht im Stromhandel*. Baden-Baden: Nomos.

5533405R00037

Printed in Germany
by Amazon Distribution
GmbH, Leipzig